普通高等院校建筑专业"十三五"规划精品教材

建筑形态构成

Construction of Architectural Form

（第四版）

丛书审定委员会

何镜堂　仲德崑　张　颀　李保峰

赵万民　李书才　韩冬青　张军民

魏春雨　徐　雷　宋　昆

本书主审　　　黄　华

本书编著　　　顾馥保

本书副主编　汪　霞　张彧辉

本书编写委员会

顾馥保　汪　霞　张彧辉　许俊萍

华中科技大学出版社

中国·武汉

内 容 提 要

本书以建筑形态为中心,介绍了现代设计发展的历史及视知觉的基本特征和形态构成知识,在理性且科学的基础上探讨了建筑形态操作的基本规律和方法。在复杂的建筑形态中,将常见的建筑形态设计手法分成三大类共十余种。本书通过对大量优秀建筑实例进行分析,详细而系统地解读每种操作手法,并辅以分析简图和文字说明,使本书内容简明易懂,叙述深入浅出,清楚地展示出抽象的形态构成理论在建筑创作上的应用,对学生与设计人员进一步理解形态构成知识和提高造型能力有一定的帮助。

图书在版编目(CIP)数据

建筑形态构成/顾馥保编著 . —4 版. —武汉:华中科技大学出版社,2020.5 (2022.7 重印)
ISBN 978-7-5680-6021-9

Ⅰ.①建… Ⅱ.①顾… Ⅲ.①建筑形式-高等学校-教材 Ⅳ.①TU-0

中国版本图书馆 CIP 数据核字(2020)第 011196 号

建筑形态构成(第四版)   顾馥保 编著
Jianzhu Xingtai Goucheng(Di-si Ban)

策划编辑:简晓思
责任编辑:叶向荣
封面设计:张 璐
责任校对:曾 婷
责任监印:朱 玢
出版发行:华中科技大学出版社(中国·武汉)   电话:(027)81321913
          武汉市东湖新技术开发区华工科技园   邮编:430223
录 排:武汉楚海文化传播有限公司
印 刷:武汉科源印刷设计有限公司
开 本:850mm×1065mm 1/16
印 张:19.5 插页:8
字 数:524 千字
版 次:2022 年 7 月第 4 版第 2 次印刷
定 价:59.80 元

普通高等院校建筑专业"十三五"规划精品教材

总 序

《管子》一书中的《权修》篇中有这样一段话:"一年之计,莫如树谷;十年之计,莫如树木;终身之计,莫如树人。一树一获者,谷也;一树十获者,木也;一树百获者,人也。"这是管仲为富国强兵而重视培养人才的名言。

"十年树木,百年树人"即源于此。它的意思是说培养人才是国家的百年大计,既十分重要,又不是短期内可以奏效的事。"百年树人"并不是非得 100 年才能培养出人才,而是说明培养人才的远大意义,要重视这方面的工作,并且要预先规划,长期、不间断地进行。

当前我国建筑业发展迅猛,急缺大量的建筑建工类应用型人才。全国各地建筑类学校以及设有建筑规划专业的学校众多,但能够做到既符合当前改革形势又适用于目前教学形式的优秀教材却很少。针对这种现状,急需推出一系列切合当前教育改革需要的高质量优秀专业教材,以推动应用型本科教育办学体制和运行机制的改革,提高教育的整体水平,并且有助于加快改进应用型本科办学模式、课程体系和教学方法,形成具有多元化特色的教育体系。

这套系列教材整体导向正确,科学精练,编排合理,指导性、学术性、实用性和可读性强,符合学校、学科的课程设置要求。以高校建筑学专业指导委员会的专业培养目标为依据,注重教材的科学性、实用性、普适性,尽量满足同类专业院校的需求。教材内容大力补充了新知识、新技能、新工艺、新成果。注意理论教学与实践教学的搭配比例,结合目前教学课时减少的趋势适当调整了篇幅。根据教学大纲、学时、教学内容的要求,突出重点、难点,体现了建设"立体化"精品教材的宗旨。

这套系列教材以发展社会主义教育事业,振兴建筑类高等院校教育教学改革,促进建筑类高校教育教学质量的提高为己任,为发展我国高等建筑教育的理论、思想,对办学方针、体制及教育教学内容改革等进行了广泛深入的探讨,以提出新的理论、观点和主张。希望这套教材能够真实地体现我们的初衷,能够真正成为精品教材,得到大家的认可。

中国工程院院士 何镜堂

2007 年 5 月于北京

第四版前言

《建筑形态构成》自 2008 年出版以来,受到了部分高等院校相关专业师生以及设计人员的欢迎,我们谨向读者深表谢意。前两次再版仅对部分内容做了些调整,未做任何增删。基于出版社的建议,我们在第四版中扼要增加"构成美学与构图原理"一节,主要原因如下。

(1)自现代构成原理作为学科的基础教学以及作业练习以来,如何在高年级建筑设计教学中不断深化、完善、提高对建筑美的认识,即在建筑创作中表达"建筑的美"与"美的建筑",学习与传承建筑古典构图原理是一个重要方面。

(2)在传统的建筑构图原理中,比例与尺度、韵律与节奏、对比与协调、质感与肌理、细部与符号等诸多词条,与现代构成美学要素近似,但这些词条都还具有不同的内涵与外延性,因此,较全面地理解与融汇新的手法,必将有益于开拓建筑设计的思路。

(3)建筑美与审美活动,虽具普遍的意义,但毕竟包含着社会、科技、民族、地区、审美等方面的诸多因素,如仅立足于建筑的"本体论",就其"形式美""空间美""环境(或意境)美"而言,把现代构成美学与建筑传统的古典构图原理在教学与创作实践中传承、借鉴、消化、创新,必将得到新的效果,"笔墨当随时代",中外当代建筑创作中还有不少优秀作品有待总结与发展。

我们将竭诚欢迎与等待大家对新版的意见。

在第四版出版之际,谨在此向华中科技大学出版社的编辑们致以衷心的谢意!

编　者

2019 年 10 月

目　　录

0 绪 论

0.1 现代建筑设计简史

0.1.1 工业革命与包豪斯

西洋美术史的发展到现代设计的确立,经历了不同的阶段。

纯美术的定义是将美术单纯看作是观赏艺术的对象,并以其自身的使人获得快感的纯粹性为目标。而所谓的纯美术和应用美术或功能美术的分化,则是伴随着文艺复兴的进展而渐渐明朗起来的。

1. 圣路加联盟

早在 17 世纪中期,就有一个中世纪以来成立的工匠组织——"圣路加联盟"。此外,在法国一群留学于意大利、接受了人文主义思想的感化并以争取社会地位为目标的画家,为了摆脱过去那种画匠、工匠的处境,决定成立一个有权威性的学院。经历了一个多世纪的进步与保守、自由与传统、美术家与工匠的斗争,胜利最后却归属皇家学院。

每年法国政府与皇家学院联合举办的展览会成为当时著名的"沙龙"活动,而展览会形式的普及无形中把美术家的活动局限于鉴赏的位置,使他们走上了为艺术而艺术的道路。

2. 工业革命与大众文明

18 世纪的工业革命对于生产效率的提高和给欧洲社会带来的变化,比法国革命的影响来得更大、更彻底。这个时期,由于机械和动力的广泛应用,数以万计的产品大量涌现,低成本使工业制品在人们的生活中得以普及。

但这种机械产品一改过去手工制品的多样性,在形状、色彩等方面缺少研究与思考,更未经过专业的设计。因此,"为艺术而艺术"的作品与"为工业而工业"的产品之间就产生了矛盾,甚至发生了冲突。但到了一定的时候,这种冲突却迸发出强烈的火花,促使了现代设计的萌生。

3. 莫里斯的"工艺美术运动"

莫里斯曾是一名建筑师,后来又加入美术家的行列,倡导工艺美术运动,进行家具、装饰、雕刻、金属工艺等多方面的制作,并积极参与当时前卫艺术家的绘画运动。他不单纯满足于工艺设计方面的尝试,还致力于工艺技术的探讨。莫里斯对工艺美术事业倾注了满腔的热情,将理论付诸实践,为实用品添姿加彩。

在 19 世纪,一些美术家极度厌恶机械产品,他们排斥机械生产,无限眷恋中世纪工匠们的生产方式。但是不管这些美术家如何抗拒,历史的进程仍然证明了机器生产是现代文明的象征。莫里斯曾经说过,"你认为有用,但是并不美的东西,希望一件也不要放在家里",同时他又说"生活就是美的全部"。这种把美作为生活的一种追求、一种理想,又将美观与实用对立的观点,即使在今天,仍然有一定意义。此外,在美学观念上,这些美术家一方面排斥 19 世纪的历史主义,一方面又拼命效法哥特式的矛盾心态,这种矛盾使莫里斯在 1851 年英国的工程领域大放异彩,伦敦的水晶宫等建筑在拉斯金等人眼中都不值一提。

水晶宫这一新建筑具有以下几个特点(见图 0-1):

图 0-1 伦敦水晶宫

(英国,1851 年)

① 以钢铁和玻璃为主要建筑材料,采用新的建筑样式;

② 全部为预制构件,采用统一模数,构件现场装配;

③ 开创新的施工方式,加快工程进度等。

莫里斯的工艺美术运动强调了设计的必要性,但他的机械否定论到晚年也有所转变,他曾发出了"把机械作为创造更美好生活条件的工具,必须加以利用"的感叹。

莫里斯运动的影响在欧洲各国传播开来,如以比利时和法国为中心的新艺术运动、奥地利的分离派运动,以及大洋彼岸沙利文的芝加哥运动等等,都昭示出设计运动的萌芽正在蠢蠢欲动。

19 世纪中叶后期还出现了新材料、新结构等新时代因素,但这并未改变公共建筑披着古典外衣的旧面貌。例如,1889 年巴黎国际博览会 300 余米高的铁塔(设计人埃菲尔),原本附着的铁件装饰于 1930 年被拆除。

在各国发展进程中,影响最大的新艺术运动"以合理的设计制品的结构和合理的发展材料的特性为原则,从设计到成品的全过程,应该是一种直率的美的价值发掘和享受"。它与过去历史样式的诀别和对机械生产与制造新样式的追求,成了现代建筑和工业设计的出发点。

新艺术运动不仅摆脱了历史样式,还开始关注机器生产的结合。这些新样式不仅仅在服饰、家具等方面广泛传播,而且在一些新建筑设计作品中也表现出来。"新艺术"始创于比利时,主张建筑形式应服从于功能与结构,这又回溯到沙利文的"形式服从功能"这一理论中,但这一运动久而流于偏重装饰,在 1907 年被由工业家、艺术家、建筑家、社会学家合办的"德意志制造联盟"所取代。

20 世纪初期,在莫迪求斯等人的推动下,为发展落后的德国建筑工艺,德意志制造联盟的成员极力主张学习英国的建筑和工艺的合理性,并聘请了国外教师韦德任教,由此推动了德国建筑工艺现代化的发展。

　　著名设计师的设计作品中整体造型单纯、明快、多样的风格被德意志制造联盟的成员继承下来,成为机械肯定论的主要精神支柱。

　　除了莫迪求斯以外,奥地利的建筑师欧特·瓦格纳、阿德夫·洛等人在设计与教育工作上起到了不可忽视的作用。他们赋予了各种商品及轮船、车站、博览会等新的具有时代特色的造型。

　　通过刊物《造型(Form)》、年鉴的发行以及各种展览会的举办,德意志联盟的创意、思想、方法得到快速传播,成为工业设计运动的一次高潮。欧洲各国效法成立了相应的组织。虽然上述"新艺术运动"和"德意志制造联盟"都是继承1875年开始的英国拉斯金倡议的"工艺美术运动",但两者相反的观点是——英国人要复古,德国人则要使机械产品变为艺术品。

　　1908年贝伦斯设计的德国通用电气公司透平机制造车间,把工业厂房升华为艺术品,并探求新的建筑风格(见图0-2)。

图 0-2　德国通用电气公司透平机制造车间
(德国,贝伦斯,1908 年)

　　当时公开反对装饰的第一人——奥地利人路斯曾著文把装饰与罪恶等同起来,他设计的住宅墙面光平,玻璃窗较大,简洁平淡。1911年格罗皮乌斯设计的鞋楦工厂采用了外墙转角玻璃窗,轻盈而通透,开创了现代建筑又一新的手法(见图0-3)。

　　这些运动和流派都是反抗古典建筑艺术虚伪浪费的一面,为适应新时代而形成的集团所发起的,贝伦斯工作室培养了一批20世纪新建筑活动的先锋,其中三位在西方被称作第一代建筑大师,在1910年曾先后受到了他的工作室的深刻影响,"柯布西耶懂得了新艺术的科技根源;密斯继承了贝伦斯的严谨古典主义;格罗皮乌斯体会了工业化深远的意义"。他们成为现代建筑的开拓者,并从不同角度参与并发展了现代主义建筑的理论与实践。

4. 构成主义与包豪斯

　　包豪斯被誉为现代设计教育的摇篮。它的创立者为现代建筑第一代大师之一的格罗皮乌斯,其作为年轻的联盟成员与贝伦斯的学生,以"机械样式"与"工艺美术运动"作为共同目标,一方面倡导美术家与工匠合作,另一方面强调贸易和工艺的合作。

图 0-3   鞋楦工厂

(德国,格罗皮乌斯,1911 年)

1919 年包豪斯(Bauhaus)建筑学校在德国魏玛城建立,它以工业结合传统的艺术,并改组 1903 年创办的艺术职业学校与更早的美术学院,把装饰与造型合并,把建筑、绘画、雕塑融于一体, 格罗皮乌斯任第一任校长。1925 年由于当地保守势力反对包豪斯的办学和用人政策而被迁到德绍城,建设了新校舍(见图 0-4),但到 1932 年因纳粹政权关闭"包豪斯",又迁校至柏林,不到一年即停办。包豪斯最终以短短的 14 年校史和部分教师移居美国而告终。

图 0-4   包豪斯校舍

(德国,格罗皮乌斯,1925 年)

　　几乎与包豪斯同时出现的蒙德里安的抽象画〔见图 0-5(a)〕与俄国的构成主义艺术,可以追溯到 20 世纪初,未来主义与立体主义〔见图 0-5(b)〕等艺术流派,以及西欧各国如法国的表现主义、荷兰的新风格流派等。它们以最简单的视觉语言元素,如直线、原色和单纯的几何形体去表达存在于复杂变化事物中所隐含的那种不变的真实性,建立一个结构清晰、秩序井然的世界。图 0-5(a)中,蒙德里安把可视的形象概括为垂直与水平的结构秩序,创造了"加号与减号"的特殊绘画样式,成为形式的抽象化先例。图 0-5(b)中,从写实的牛到造型描绘,渐变为大块面的概括,到立体的结构分解,直至将单纯简练的点、线抽象成形态,既提炼又含蓄,且富于鲜明特征,是"具象形转换为抽象形"的典型范例。俄国建筑界接受并创作了一些作品,兴起了构成主义运动(见图 0-6),并把这种视觉语言整理发展成为造型理论与包豪斯结合在一起,如注重学生对技艺、材料、操作的认识与实践,打破了艺术家与手工业者的差别,开创了与传统法国艺术学院建筑教育洞然不同的体制与方法。

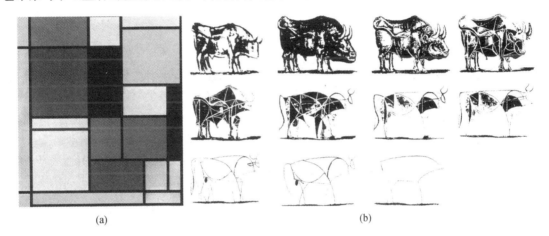

(a)　　　　　　　　　　　　　　　　(b)

图 0-5　抽象画示例

(a)抽象画(蒙德里安,1925 年);(b)牛的抽象(毕加索)

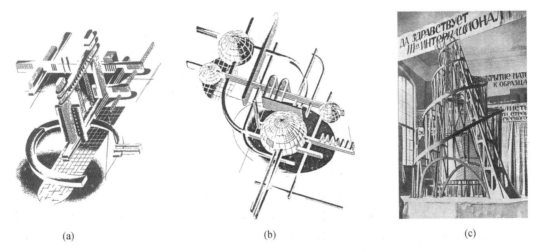

(a)　　　　　　　　　　(b)　　　　　　　　　　(c)

图 0-6　构成主义作品

(a)俄国构成主义建筑作品(一);(b)俄国构成主义建筑作品(二);(c)第三国际纪念塔(1920 年)

　　包豪斯经历坎坷曲折的发展,为 20 世纪的现代建筑教育作出了里程碑式的贡献。

0.1.2　现代构成与建筑设计

　　建筑设计建立在功能、技术、环境等客观条件的基础上,但又受到社会、历史人文等主观方面的制约,从客观和主观方面划分,其制约条件如下。

　　1) 客观条件

　　① 自然条件包括气象、地形、地质、地貌、方位等。

　　② 环境情况包括道路、出入口、用地建筑物、市政设施等。

　　③ 结构技术、施工条件。

　　④ 有关国家设计规范。

　　2) 主观条件

　　① 规划指标控制、设计要点、人防设施。

　　② 文化因素(包括城市文化、习俗、历史)的影响。

　　③ 工程造价。

　　这些条件和因素有的是强制性的,有的是非强制性的。设计作为一种问题求解的技能操作,又是个人的思路、直觉判断以及与决策相关的整体性操作过程。制约可以诱发创造,创造以制约为前提。

　　将形态和空间概念的知识与操作技能同步进行,以形态自身语言(形象思维)和构成方式(逻辑思维)对建筑空间进行思考和创作,这是将构成形态的方法作为设计切入点的一个便捷途径。

　　而使建筑学的两类知识(见图 0-7)在不断发展的过程中逐步交融,是建筑设计操作与技能水平提高与完善的重要步骤。

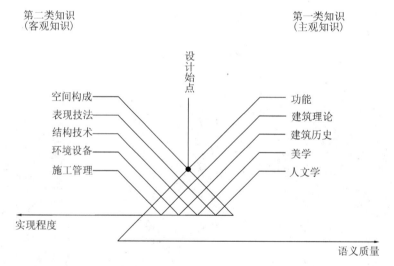

图 0-7　建筑学知识体系图示(建筑意义的显现)

　　设计操作可分为三个环节,即观念、立意(理念)的确立,思维方式的选择和具体的物态操作。

　　基于这种现代设计意识的建筑创作形成了一套有自律性的操作体系。自律性——建筑空间的法则,使建筑物态操作区别于其他造型,且不可还原。即建筑空间物质逻辑问题的研究,是其他造型领域的研究所不能替代的,体现着建筑的自身规律,并且相对稳定。

　　这种在一定物质基础之上进行的操作技能的开发,即空间及空间关系的还原、限定、组合的操作训练,是一种新观念下具体物化过程的探讨,也是一个综合的过程。该过程主要依赖于理性分析,而不是主观经验。因此,新设计观念的建立更具科学性,同时,这种要素和关系的操作,为现代建筑的造型开辟了新的道路。所以在多元的建筑知识中,应重视建立向心性,即以空间创造知识为核心的知识结构,力求避免多类知识的堆积。

建筑设计是一个整体性物化操作的过程,建筑师必须正确地引导整个过程的进展及价值的取向,同时具备正确的判断力和创造性解决问题的能力。

观念决定着建筑生成的方向,思维方式的选择与转换体现出设计者对"问题"的思考与求解方式的选定。物态操作是设计思维具体实现的过程,即对诸多设想和形象假设进行整理、分析、判断,在建筑所特定的领域里进行形象的操作,这是关于物态的操作,不能用设计的具体方法来取代,如从功能、文化分析、环境,以及技术入手的设计方法均不是建筑实现的最终手段,必须通过物态自身的动作及物与物关系的协调,以具体的物态形象语言来完成建筑创作。

设计操作的三个环节应整体进行、循序渐进,这样才能使整个设计过程顺利进行,取得满意的结果。第一个环节关系到知识掌握的程度以及建筑的价值取向和标准如何。第二个环节决定着建筑所提供的信息量的优劣、多少,涉及符号系统的多样性、层次性、网络性以及共生性。第三个环节涉及操作技能的获得与否,这不仅关系到能否设计出建筑,而且关系到今后的设计操作中创新意识的发挥是否能够起到思维定式的作用。

建筑设计是通过点、线、面、体、空间呈现其艺术美感和精神功能的。建筑作为人类创造的"文化"的一部分,无论是创作者还是接受者都离不开在不断实践中积累对"美"的理解、分析与欣赏。因此,"美"虽然可以说"仁者见仁,智者见智",但必然有一些传承的、共性的,甚至规律性的东西。

研究现代形态构成手法,应充分认识古典的"构图原理"或传统的"形式美规律",两者是相辅相成、互为补充的,不能把两者分割开来。

构图原理中主次、对称、均衡、尺度、比例、节奏、规律、对比等等,虽然在不同地区、不同民族、不同文化背景下对传统的理解,可能形成有形的、无形的、现代的、后现代的不同,但在创造和欣赏建筑美时,对建筑美形成的一般原则,无论历史的、古典的、现代的都是在总结前人的基础上,在现代的创作中经过筛选、积淀而发展起来的。

分析现代流派的这些手法,无论是显现的还是隐现的,还是在一些作者的理论阐述中都不乏对传统构图原理的深刻理解与把握。

世界文化的多样与多彩,既保持了各自文化的精神,又不断地创造自己的新的时代文化。建筑当然也不例外,"古今中外,皆为我用",只有立足于自身,兼收并蓄,才能不断创新。

传统构图原理与现代构成的结合,既继承了优秀的民族文化与地域文化,又打破了以往直接搬用传统形式的做法,进而以抽象要素进行加工处理。将形似与神似,可见的与不可见的元素,直觉与理性,现象与本质相结合,打开了新的思路,成为创作的一条途径。中国现代建筑的创作,尤其是20世纪80年代以后,诸多的优秀作品充分说明了这一点。

0.1.3 建筑流派与建筑造型

流派与风格是反映建筑师作品的重要方面,研究流派产生的时代背景、社会发展趋势、经济基础、科技条件,才能正确认识与理解建筑师在创作中的作用与地位,以及把握各流派在现代建筑发展进程中的特点。

现代建筑需要功能、结构、材料、技术等方面的融汇与支撑,其创作方法的切入点、侧重点、创新点各有不同,最终以不同的造型与空间表现出各自的风格。

由于理论与观念的不同,文化背景的差异,以及技术条件的发展,20 世纪的流派可以像中药方一样开出一大串。流派是一些研究建筑的建筑史家、评论家对派别所作的概括与分析,流派与风格是相对稳定的传统信息的积淀与汇聚。流派的兴衰、交织、变化,有的源远流长,有的瞬息即逝,有的个性强烈,有的"隐姓埋名",但从建筑的创作上来看,发展是无止境的,创新永远是动力。

人们对 20 世纪各个年代的建筑作品的评论或贬或褒,因那些建筑大师在建筑理论方面的建树以及造型、空间和创作手法的丰富多样,在新时代建筑史上是达成了共识的。

对 20 世纪初期四位大师的不同特点,我国第一代著名建筑师、建筑教育家童寯先生曾这样评价,"赖特的构思,密斯的法度,柯布西耶的授型,格罗皮乌斯的诲导,就地域范围与历史时间论,柯布西耶的影响又是其他三人所难以比拟的"。

下面将介绍一些流派的代表性作品,以进一步说明流派与造型之间不可分割的关系。

1)早期现代主义

柯布西耶新建筑功能与理性主义造型上表现出五大特点:底层架空、上层悬挑、自由开窗(如横长窗)、屋顶花园以及内部分隔灵活(见图 0-8、图 0-9)。

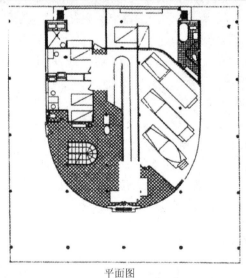

平面图

图 0-8 萨伏伊别墅(勒·柯布西耶,1928 年)

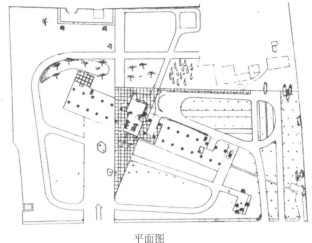

平面图

图 0-9 法国马赛住宅（勒·柯布西耶,1952 年）

2）功能主义

　　形式服从功能,由平面到立面乃至空间的塑造,所谓"由内而外"的设计,是将平面作为设计的原动力,净化形式、尊重几何原型成为这一流派的精髓,代表建筑如下。

　　① 包豪斯校舍。

　　② 帕米欧肺病疗养院（见图 0-10）。

　　③ 日内瓦联合国总部方案（见图 0-11）。

3）构成主义

　　构成主义主张把形态还原为最简单的元素——直线、单纯的几何形体、原色,以体现形式就是内容、内容就是形式的理念,如第三国际纪念塔。

4）风格派

　　风格派强调线、面、体的组合,反对一切附加的东西,包括装饰,如乌得勒支住宅（见图 0-12）。

5）密斯风格

　　1937 年由德赴美的密斯以"少即是多"的理念与建筑哲学,严谨的节点与细部构造,单一的空间造型,实践着钢框架与幕墙玻璃相近似的外观建筑,成为一种典型的时代风格,代表建筑如下。

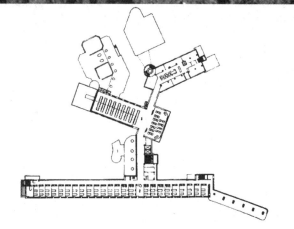

平面图

图 0-10 帕米欧肺病疗养院

(芬兰， A·阿尔托,1933 年)

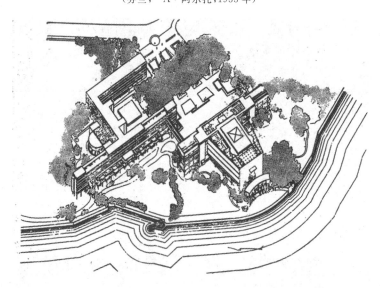

图 0-11 日内瓦联合国总部方案

图 0-12　乌得勒支住宅

（列特维尔德,1924 年）

① 巴塞罗那国际博览会德国馆〔见图 0-13(a)〕。

② 伊利诺工学院建筑系馆〔见图 0-13(b)〕。

③ 纽约西格拉姆大厦〔见图 0-13(c)〕。

④ 柏林新国家美术馆〔见图 0-13(d)〕等。

后人对密斯的作品颇有争议。他们认为,密斯应用钢铁和玻璃去创造了一些精致的纪念碑,但它们仅具有干枯的机械形式,缺少内涵,空洞无物。他追求的仅是一个玻璃壳内单纯的造型,这些建筑只存在于想象的世界中,和实际的地形、气候、隔热、机能和内部的活动毫不相干。但是保尔·鲁多夫却认为密斯之所以能设计出这么奇妙的建筑物,就因为他对建筑物的许多方面都不予考虑。

6）有机建筑

赖特的流水别墅（又名考夫曼住宅）〔见图 0-14(a)〕充分结合环境的特点,发挥了钢筋混凝土结构的特性,其二层、三层纵横远眺的水平阳台以及强烈的虚实、明暗、材料质感的对比使得这一杰出的作品与他的"有机建筑"理论及大量作品成为美国本土现代建筑的代表〔见图 0-14(b)〕。

7）芝加哥学派

芝加哥学派诞生于 1880 年,19 世纪末的铁梁柱框架结构及大玻璃窗形式的 16～17 层办公楼成为高层建筑创作的开始(见图 0-15)。

8）粗野主义

粗野主义主张形式、材料的两极,代表建筑如下。

① 印度昌迪加尔高等法院(见图 0-16)。

② 日本仓敷市厅舍(见图 0-17)。

③ 美国波士顿市政厅(见图 0-18)。

图 0-13 密斯作品

(a)巴塞罗那国际博览会德国馆(1929 年);(b)伊利诺工学院建筑系馆(1956 年);

(c)纽约西格拉姆大厦(1958 年);(d)柏林新国家美术馆(1968 年)

图 0-14 赖特有机建筑作品

(a)流水别墅(1936 年);(b)纽约古根海姆博物馆(1946 年)

(a)　　　　　　　　　　　　　　(b)

图 0-15　芝加哥早期高层建筑

(a)1881 年芝加哥高层建筑；(b)1885 年芝加哥高层建筑

图 0-16　印度昌迪加尔高等法院

（法国，勒·柯布西耶，1953 年）

图 0-17 日本仓敷市厅舍

（日本,丹下健三,1960 年）

图 0-18 美国波士顿市政厅

（G. 卡尔曼,1969 年）

其中,日本仓敷市厅舍通过在挑廊下或墙面外挑出露明的钢筋混凝土梁头,结合传统木构架榫头,展现了基于时代感和民族风格所作的创新。

9) 典雅主义

典雅主义既体现了材料与结构的真实,又表现了古典精神的庄重和精美,代表建筑如下。

① 印度新德里美国大使馆(见图 0-19)。

② 华盛顿杜勒斯国际机场候机楼(见图 0-20)。

图 0-19　印度新德里美国大使馆

（美国，爱德华·斯通，1954 年）

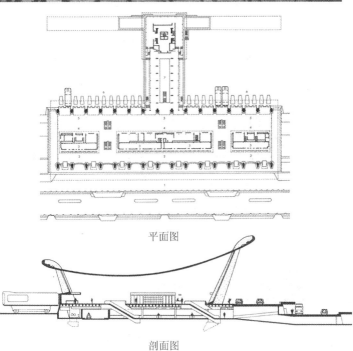

平面图

剖面图

图 0-20　华盛顿杜勒斯国际机场候机楼

（美国，小沙里宁，1962 年）

10) 象征主义(隐喻、新古典主义)

象征主义以形象(历史的、生物的、传统的、现代的)符号作为建筑语言从而产生表现的关联性,代表建筑如下。

① 纽约环球航空公司航空港(见图 0-21)。

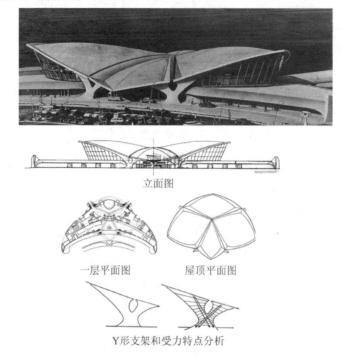

立面图

一层平面图　　屋顶平面图

Y形支架和受力特点分析

图 0-21　纽约环球航空公司航空港

② 悉尼歌剧院(见图 0-22)。

图 0-22　悉尼歌剧院

(丹麦,伍重,1973 年)

③ 纽约利华大厦(见图 0-23)。

④ 朗香教堂(见图 0-24)。

图 0-23 纽约利华大厦

(S. O. M,1952 年)

图 0-24 朗香教堂

(勒·柯布西耶,1955 年)

⑤ 巴西国会大厦(见图 0-25)。

图 0-25 巴西国会大厦

(巴西,O. 尼迈耶,1958 年)

⑥ 纽约林肯中心(见图 0-26)。

图 0-26 纽约林肯中心

(1962—1966 年)

⑦ 凯悦丽晶酒店(见图 0-27)。

图 0-27　凯悦丽晶酒店

(J.波特曼,1974 年)

⑧ 纽约电话电报公司大楼(见图 0-28)。

图 0-28　纽约电话电报公司大楼

(美国,P.约翰逊,1984 年)

⑨ 新奥尔良意大利广场(见图 0-29)。

⑩ 印度德里的母亲庙(见图 0-30)。

11) 解构主义

解构主义提倡形式(造型)理性结构的解构与重组,即间离、片断、解散、分离、无中心,既有对规则约定的颠倒,又有对旧秩序解构的组合,代表建筑如下。

① 西班牙毕尔巴鄂古根海姆博物馆(见彩图 22)。

图 0-29 新奥尔良意大利广场

(美国,C.摩尔,1978 年)

图 0-30 印度德里的母亲庙

(萨巴,1987 年)

② 巴黎拉维莱特公园(见图 0-31、图 3-131)。

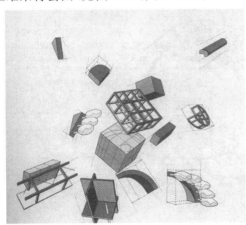

图 0-31 巴黎拉维莱特公园(一)

(法国,屈米,1982 年)

③ 2♯住宅(见图 0-32)。

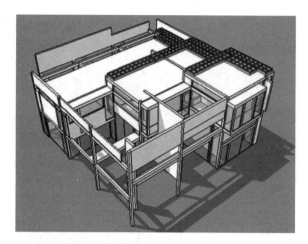

图 0-32 2♯住宅

(埃森曼,1979 年)

12)后现代主义

后现代主义是多种流派集合的统称,是激进的折中主义和文脉与"双重译码"的表达,代表建筑如下。

① 栗树山母亲住宅(见图 0-33)。

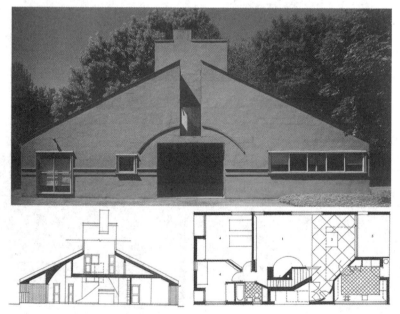

图 0-33 栗树山母亲住宅

(美国,文丘里,1965 年)

② 巴黎蓬皮杜中心(见彩图 21)。

其中,栗树山母亲住宅通过不协调的符号和组合,不同比例、尺度的毗邻与对比,不相容元素的堆砌与重叠,主次不分的二元并列,简单又复杂,古典而不单纯,体现了"建筑的矛盾性与复杂性"的理念。

13)新地域主义

以地域文化、生态环境、文脉符号为出发点的建筑风格。

① 印度电子有限公司总部大楼(见图 0-34)。

图 0-34　印度电子有限公司总部大楼

(C.柯里亚,1968 年)

② 卡洛·卡塔尼奥大学(见图 0-35)。

图 0-35　卡洛·卡塔尼奥大学

(意大利,A.罗西,1994 年)

14)色彩派

色彩派有黑色派、白色派、灰色派之别,是色彩作为建筑语言依托的重要表现,代表建筑如下。

① 白色派:亚特兰大美术馆(见图 0-36)。亚特兰大美术馆追溯到风格派与柯布西耶所讲述的纯净的建筑空间体量,以及阳光下的雕塑形体和光影变化,表现了近似于折中主义及表现主义的风格,在注重历史和传统的同时,表现了空间的含混与不定性。

② 黑色派:丹麦国家图书馆〔见图 0-37(a)〕,联合银行总部〔见图 0-37(b)〕。

15)新现代主义

新现代主义重视纯净的几何形态、现代构成手法、空间的创造,代表建筑如下。

① 美国国家美术馆东馆(见图 0-38)。

图 0-36　亚特兰大美术馆

(美国,R.迈耶,1983 年)

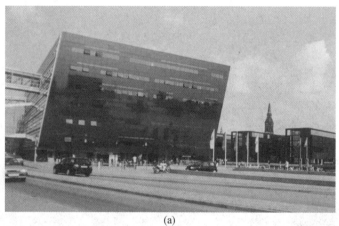

(a)

(b)

图 0-37　黑色派建筑

(a)丹麦国家图书馆;(b)联合银行总部(哥本哈根,1999 年)

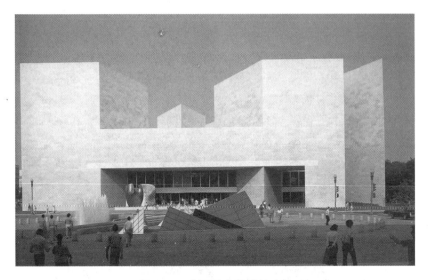

图 0-38 美国国家美术馆东馆

(美国,贝聿铭,1978 年)

② 多伦多市政厅(见图 0-39)。

③ 伦敦国家剧院(见图 0-40)。

图 0-39 多伦多市政厅

(芬兰,V. 莱维尔,1958 年)

图 0-40 伦敦国家剧院

(英国,D. 拉斯金,1976 年)

16) 其他流派

20 世纪下半叶的主要建筑,被建筑史家称为后现代主义、新历史主义建筑。这些作品所反映的各种创作手法相互借鉴、相互渗透、你中有我、我中有你,手法多样并用、纵横交错,即使同一位建筑师的作品在不同年代也表现出相互矛盾的风格。这里列举一些建筑师和流派及其代表作品所展现的构成手法与造型风格。

(1)格雷夫斯

格雷夫斯将古典构件(如拱顶石、古典柱)的夸张与抽象形式组合,形成了一种立体派绘画式的拼凑,这种手法又被称为抽象化了的历史主义。从古典抽象出来的元素有一个基座,没有帽子(或是檐口)、柱顶之类的构件,如图 0-41 所示,该作品中所表达的隐喻方式,其主要来源有古典建筑、主体派绘画、现代建筑与自然,如曲线代表海洋、树梢,柱子代表树木,拱代表天空等。市政厅把古典构件的简化、变形、夸大组合在一起,得到一个立体派的拼凑物。

图 0-41　波特兰市政大厦

(美国,格雷夫斯,1980 年)

(2)路易斯·康

路易斯·康崇尚几何原型,对它们进行了执著的追求和研究,这是他对古典主义的批判,但并不表示他摒弃这种表现手法,而是就其所具历史背景予以肯定(见图 0-42)。

(3)矶崎新风格

矶崎新风格主要表现为形式的倒置,不均匀的多相空间,空间造型肢解,各分段部分的不连续、不调和(见图 0-43)。

(4)抽象表现主义

抽象表现主义的创作是即兴的,没有逻辑几何构成与精确的固有规则,带着极大自发性和非逻辑性的自由追求。

随着世界经济的发展,发展中国家的经济日益崛起,如中国、印度以及东南亚和中东的一些国家都出现了不少优秀建筑师与作品。

从 20 世纪初的萌芽到 80 年代的改革开放,中国现代建筑经历了全面提高、兼收并蓄、持续发展几个阶段,受古典传统与现代主义各流派的影响,建筑创作在风格上大体可分为如下几种。

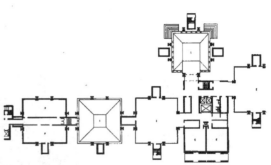

图 0-42 宾夕法尼亚大学理查德医学研究大楼

（路易斯·康，1940 年）

图 0-43 筑波大厦

（日本，矶崎新，1961 年）

① 功能主义的倾向。

② 古典传统的继承与超越。

③ 地域文化的探求。

④ 后现代风格的追随。

一些代表作品如下。

① 广州中山纪念堂(见图 0-44)。

图 0-44 广州中山纪念堂

(吕彦直,1931 年)

② 上海市江湾博物馆(见图 0-45)。

③ 上海浙江第一兴业银行大楼(见图 0-46)。

图 0-45 上海市江湾博物馆

(董大西,1935 年)

图 0-46 上海浙江第一兴业银行大楼

(赵深、陈植、童寯,1948 年)

④ 南京原国民政府外交部大楼(见图 0-47)。

⑤ 北京和平宾馆(见图 0-48)。

图 0-47 南京原国民政府外交部大楼
（赵深、陈植、童寯，1931 年）

图 0-48 北京和平宾馆
（杨廷宝，1953 年）

⑥ 北京电报电话大楼（见图 0-49）。

⑦ 北京人民大会堂（见图 0-50）。

图 0-49 北京电报电话大楼
（林乐义，1958 年）

图 0-50 北京人民大会堂
（赵冬日，1959 年）

⑧ 北京革命历史博物馆（见图 0-51）。

⑨ 北京工人体育馆（见图 0-52）。

⑩ 广州矿泉客舍（见图 0-53）。

⑪北京国际展览中心（见图 0-54）。

⑫北京奥林匹克运动场（见图 0-55）。

⑬ 清华大学伟伦楼（见图 0-56）。

⑭ 新疆人民大会堂（见图 0-57）。

⑮ 拉萨铁路旅客站（见图 0-58）。

图 0-51　北京革命历史博物馆

(张开济等,1959 年)

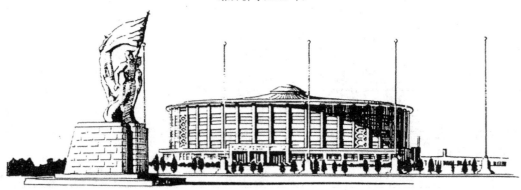

图 0-52　北京工人体育馆

(熊明,1961 年)

图 0-53　广州矿泉客舍

(莫伯治,1971 年)

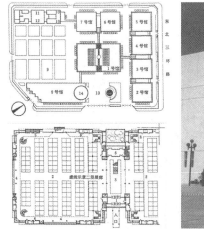
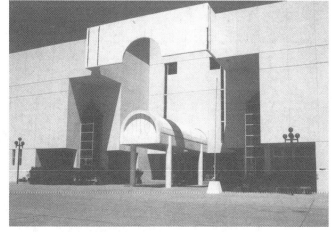

图 0-54 北京国际展览中心

(柴斐义,1984 年)

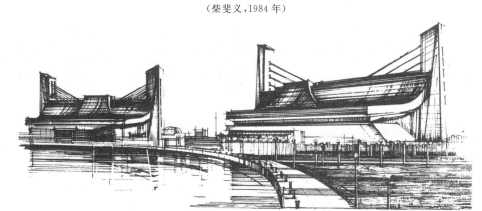

图 0-55 北京奥林匹克运动场

(闵华瑛等,1990 年)

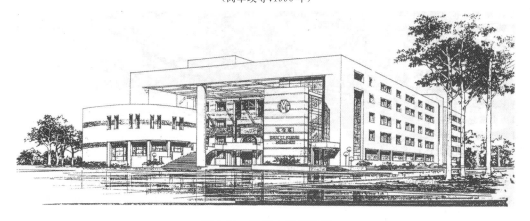

图 0-56 清华大学伟伦楼

(胡绍学,1997 年)

图 0-57   新疆人民大会堂

(王小东,2005 年)

图 0-58   拉萨铁路旅客站

(崔恺等,2006 年)

正如吴良镛先生在《广义建筑学》一书中对当代建筑文化的横断观中所说,"在民族、地区的文化研究中发挥特色,在比较文化中发扬中国建筑文化","重要的不是探求一切结论,而是立足于此时、此地面临的各种问题,根据古今中外皆可为我所用以及如何为我所用的原则",迁想妙得、融会贯通、立足创造,把作品汇入涓涓的建筑历史长河中。

0.2   现代建筑设计方法

0.2.1   设计方法概述

形态和空间是构成建筑的重要手段和要素,正如老子在《道德经》第十一章的一段话:"埏埴以为器,当其无,有器之用。凿户牖以为室,当其无,有室之用。故有之以为利,无之以为用。"那么,构成形态和空间的要素与方法的学习,不仅是建筑创作的基础与实践入门,而且需要在形态与空间的创作方法方面进行不断探索、不断认识并予以掌握、分析与综合,从而为积累与创新打下良好的基础。

从古典的构图原理发展到现代的建筑形态构成,分解形态的构成要素,并按建筑特定的制约条件进行组合,进而对现代多元化的各种流派建筑理论作出归纳、分析,将有助于使建筑设计思维方式更加条理化、逻辑化,"读懂"与"分解"建筑,将在形态构成的基础上得到深化。

建筑的设计过程受到多种条件的制约,它可以是功能性的、技术性的、文化性的、形式性(造型)的,也可以说是社会、经济、艺术(美学)、环境等一系列问题的综合反映与解决。因此,一个建筑方案从问题的提出、分析、构思到方案的形成就是一个寻找答案的过程。上述各种条件或问题的认识、提出,直到解决、形成方案的各个学科知识面,使人们对学习有了扩大并能深入理解,对设计理论、语汇与操作掌握的深度和广度有了更高的要求,并使问题依据轻重、主次、缓急,得到综合性的解决。

此外,对不同的设计项目、要求,有不同的侧重面,必须作出具体的分析,找到形成设计方案的切入点、交叉点与创新点。建筑形态构成的理论与方法仅是设计方案的切入点之一,在掌握建筑形态与空间的基本要素,分析大量的创作实例以及这些建筑的操作手法的基础,并在学习与实践中反复运用、融会贯通,必然会加速"悟"的过程,激发设计的热情与创新。

必须指出的是,书中列举的构成手法只是从大量的设计作品中,从理论与实践相结合的角度归纳并分门别类地进行讨论,设计作品可能是以一种表现手法为主,或是多种手法相互结合、相互依存、相互增强而成为一个统一的整体。同时,手法还将在创作多元化的发展进程中不断地丰富与推陈出新。因此,必须从局部与整体、要素与体系的诸多关系中去把握、去发展。

建筑创作反映了作者所掌握的理论知识结构、思维方法、操作技巧、创作手法等众多方面,而形态构成仅是在操作技巧、创作方法上提供一个途径,找到一个融汇点,因此,切切不可将其看作设计的全部,只有随着上述方方面面问题的深入,坚持理论与实践相结合,掌握正确的思维方法,以创造性的思维激发创新点,才能使建筑设计上升到一个新的水平。

认识与学习不同的思维方法,将会从不同的思路或角度找到正确的设计方法。

(1)综合性思维

将设计中的问题分析周全、梳理层次、突出关键,在复杂性、层次性、随机性的思考中,能够缜密综合,控制设计过程。

(2)发散式思维

信息的积累,寻求变异,突破常规,一题多解。

(3)收敛式思维

分析、比较、归纳、综合,防止盲目性,避免陷入迷雾中。

(4)逆向思维

一反顺理成章,避免线性惯常方式,跳出框框。换位思考,才能不落俗套等等。

(5)形象思维

运用知觉,发挥想象与联想,激发灵感,推敲完善。

(6)逻辑思维

重理性,关注推理,着重分析,摸清脉络,比较综合,把握全局。

(7)图示思维

通过把握感知到的完形或大脑中积累、储存的图式进行改造、组合、提炼,重新铸成全新意象的过程,通常称为设计草图阶段。徒手画草图是建筑设计的基本功,它的作用是以最简捷的方法表达创作的构思,将各种问题通过图示表现出来。通常在设计过程中,要想在思维碰撞的火花中抓住灵感,画草图是最方便的手段。一些著名建筑师的草图充分说明了图示思维、草图表达在设计中的重要性(见图 0-59)。设计人员应该充分认识到,即使是最粗略的草图也能较容易和清晰地表达某些口述与文字所不能说明的问题,"贵在坚持",长此以往,必然有所收获。

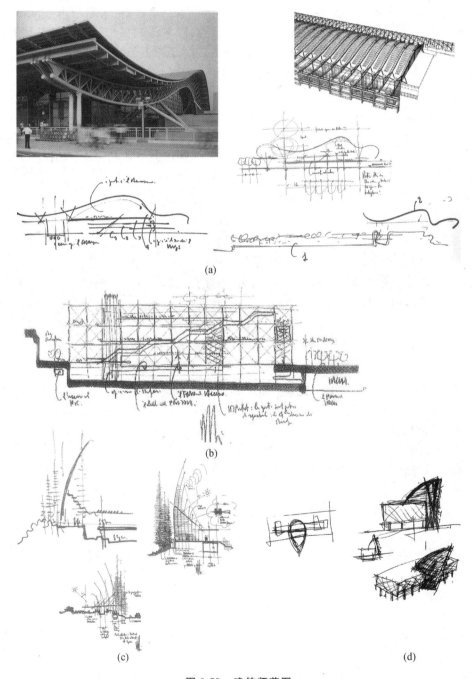

(a)

(b)

(c)   (d)

图 0-59 建筑师草图

(a)某方案草图(一);(b)蓬皮杜文化中心;(c)非洲文化中心;(d)某方案草图

　　上述的各种思维活动并不是泾渭分明、截然分开的,而是在任何创造性活动中都相互渗透、交融、整合的。

　　充分培养与发挥创作的能动性与创造性,最重要的一点就是想象力,而想象力又在于"丰富图式"并储存在人脑中,它是想象的原料。形态构成手法的分析与"理性化"是帮助建立这种"信息库"的一种手段。正如有一位学者写道:"如果是在无意中有能力创造出色彩杰作,那么无意识便是你的道路;但是如果你没有能力脱离你的无意识去创造色彩杰作,那么你应该去追求理性。"

0.2.2　视知觉与形态构成

　　建筑设计通过形、光、色等方面来表达建筑的质感、色感和空间感,展现建筑的形象。人类通过视觉感受建筑形象,识别建筑的尺度、距离、立体轮廓、明暗、色彩、光泽、肌理等,建筑形态的各个方面都与视觉有密切的关系。

　　形态构成的产生和发展有其自身的规律,其深层和内在的规律就来自人类自身的生理构造和由此产生的心理需求。作为建筑设计者,对形态的理解和把握非常重要。要创造出有美感的形态,只凭热情是不够的,了解与研究人类自身对视觉形态设计的内在心理需求,对提高创造能力有着重要的意义。

　　建筑形态构成与视知觉涉及三个方面,一是视觉生理学的知识,二是视觉心理学的知识,三是关于形式审美的知识。以视知觉为基础的视觉心理学知识和形式美的原则,直接支撑了形态构成这门学科。人能看到什么,是视觉生理问题;人怎么看,是视知觉问题;而人观看的感受如何,则是形式美学的问题。

　　在形态视觉美的发展过程中,在不断探索视觉审美的过程中,对于人自身思维技能的属性与规律,以及怎样对形态进行美的设计,在 20 世纪初期出现的格式塔心理学与美学的研究对这个问题给出了更为客观和科学的解释。美国格式塔心理学家阿恩海姆解释了形态美感产生的心理原因,对感知进行有条理的分析,揭示了人类视觉审美过程中人自身心理的规律特征,取代了对艺术模糊的或理论上的假设性的思考。

　　古典建筑构图理论中的对称、均衡、主次、比例、节奏、对比、多样统一等原则,都可在视知觉理论中找到相对应的解释,即使是一些传统性的美学原理,视知觉也从构成角度作了新的诠释,更重要的是为现代艺术造型的发展与创造(如变形、穿插、扭曲、动感等)直接提供了视觉心理的理性基础。

　　现代建筑形态的审美呈现出个性化与多样化倾向,认识、理解与运用形态设计和视觉审美的知识以及相关因素具有重要的意义和作用,同时对于设计的理解和分析也有较大帮助。从视觉心理的角度分析建筑形态,可以帮助我们更好地理解由建筑形态美感产生的心理基础,理性地认识和掌握形态构成的基本方法。

1. 形态感知的心理特点

1)视知觉的完形心理

　　创始于德国的格式塔心理学是西方心理学主要流派之一,格式塔,德文是"Gestalt",中文译为"完形",强调形态的整体性。格式塔心理学又称为完形心理学,强调知觉的能动作用,认为各种形态在空间中的关系是相互影响的有机整体。对人的感知而言,形态的特征并不存在于它的组成部分,而在于经过完形过程产生的整体,大脑将信息整理和组织,才能形成知觉。

格式塔心理学的"完形说"认为,视觉感知的过程是一个"物理—生理—心理"的综合过程,心理现象是人脑对客观现实能动性的体现,包含了人的认知过程、意志过程。视觉不是对元素的机械复制,而是对有意义的整体结构式样的把握,是一种积极的理性活动。格式塔理论中的完形理论是对形态设计影响最大、也是最有启发的理论。

格式塔完形心理理论认为,平衡是人类视觉所追求的最终状态。在人的知觉活动中,有一种自发的将感知对象进行组织和简化的倾向,当人看到一些残缺的形时,心理上会追求一种平衡,以改变在探索中紧张的心情。

格式塔心理学把"形"分为三种:① 简单、规则、对称的形,如正方形、三角形、圆形等〔见图0-60(a)〕,会使人产生极为轻松的心理反应;② 复杂而不统一的形〔见图0-60(b)〕,这些不完整或不稳定的形,使人感到紧张、不舒服;③ 复杂而又统一的形,被认为是最成熟和完善的形〔见图0-60(c)〕,是具有丰富变化、多样统一的不完全规则、简化的形,即常说的"多样统一"。

这些形是由一个个不完美、不稳定的形,通过积极的追求完美、组织和完善而成的更高级、复杂的形,均衡、稳定和完美,使人感到舒服和兴奋。这样的形式呈现在人眼前,由于知觉完形的趋向作用,会引起视觉追求完整、简化的活动,知觉组织会将它补充或还原到应有的形态〔见图0-60(d)〕。这样的完形过程会使大脑兴奋程度大大提高,导致一种有始有终、高低起伏的知

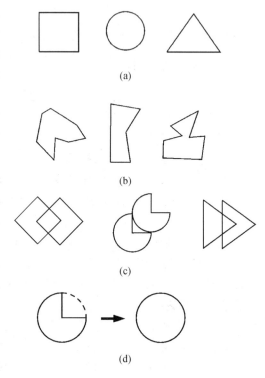

图 0-60 格式塔分类的形

觉作用过程,这样心理感受就不会单调和乏味,视觉也能得到美的满足,这就是人在作品欣赏中追求变化的心理根源。

形体组合可增加形象的复杂性、可识别性,若只有简单而没有多样性,视觉就不会得到足够的信息量,就会感觉单调;只有多样性而没有统一,会在视觉上产生杂乱无章的感觉;多样统一的形是艺术能力成熟的表现,会在人的视觉中留下强烈而深刻的印象,是生命力和人类内在情感生活的高度概括。总之,格式塔告诉我们,在任何情况下,形式所遵循的规律应该是"简约合宜",简单应达到一种复杂与简约的平衡,是整体外观简单下的有机的复杂,即简单在整体,复杂在细节。建筑形态达到一定的优化的完形组合时,最具有视觉适宜度,也就会有美感产生,统一、节奏、对称、均衡、比例、尺度等经典美学原理,都能用完形心理来解释,也说明了完形理论的科学性。

在视觉完形过程中,遵循着一系列如简化、相近、类似、图底、闭合等原则,其中,简化原则是造型心理最基本的原理和法则,是一种理性的原则。视觉的简化原则是人的视觉会按照刺激物的相似、相近、连续的特性,将其组织成为一个相对完善的结构,这也是一个完形的过程。

2)视知觉的基本特性

人在体验建筑时,视觉起到重要的作用,建筑形态直接影响了人的视觉和心理,涉及人的信息拾取、思维进行、意念产生等各个环节,这些构成了建筑形态构成的复杂性。认识和了解形态的视

觉心理,有助于对建筑形态进行理性的分析和认识。

在视觉心理学理论中,视知觉有很多特征,和建筑形态联系较紧密的有单纯性、方向性、光色性和力能性四点。

(1)单纯性

视觉的简化原则使人在观察建筑时,无论其形态如何复杂,人首先捕捉的是简单的几何外形,把握形态整体的主要特点(见图0-61)。如果建筑形态中出现体量分散、重点分散等现象,就会给视觉的单纯性带来干扰,使观察者难以把握总体,形成不了中心和重点,从而缺乏秩序,容易造成混乱。

由于视觉追求单纯性,相似的形态在视觉上会出现群化现象,视觉的群化是指视觉具有将相互类似、接近或对称的形态感知为整体的倾向。群化是大脑把分散的因素通过视觉组织起来的一种方式,使分散的形体构成一个整体(见图0-62)。

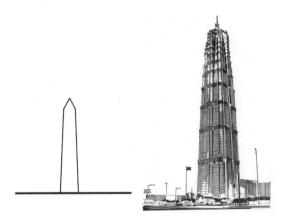

图0-61 视觉的单纯性   图0-62 视觉的群化

(2)方向性

建筑形态的长短、高低,线条的组织都是由视觉的方向性来判断的,同一个空间、同一个形态,由于线条方向的不同,会产生不同的视觉效果。视觉方向性对建筑形态中的构件组织最为敏感,线条组织的纵横、交织、重叠、疏密、长短、引导、过渡,都会给视觉带来不同的效果。

在建筑形态中,线的组织方法不同,视觉引导效果也就不同,能使静止的形态呈现动态,并且活跃气氛,如图0-63所示,不同的形体会带来不同的方向感。

(3)光色性

视觉能够感知光亮和色彩,人眼和植物一样也有向光性,视觉不需要特别引导和控制,总是会被吸引到视野范围内的亮处。高彩度、高明度和闪烁的光能够引起人的注意。

正常人的视觉可以分辨约200万种不同的色彩,建筑形态中的建筑材料、明暗变化、环境关系、天气阴晴都会给建筑的光色带来很大的影响。色彩受周围环境的影响最大,也和其所占的面积有关。同样的色彩,放在不同的环境中或大小不同的面积上时,给人的色彩感是不一样的。

视觉的暂留现象、视觉的震颤效应等会使视觉产生闪烁、流动和不安定,如图0-64(a)所示,视觉暂留会让人感到白线的交叉点处出现若隐若现的灰色点;如图0-64(b)所示,视觉颤动会让两组交叉的直线产生闪烁感。

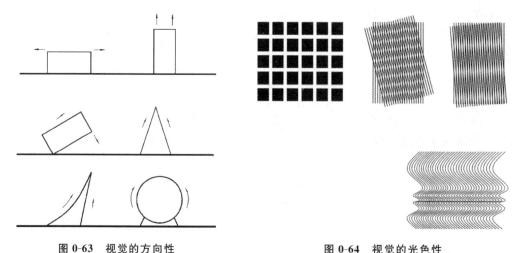

图 0-63　视觉的方向性　　　　图 0-64　视觉的光色性
　　　　　　　　　　　　　　　　(a)视觉暂留;(b)视觉颤动;(c)流动性

（4）力能性

某些形态在视觉上会产生运动和方向,构成力感和动感,这就是视觉力能性的反映。这种力不是实际存在的,而是由形态引起的心理上的力,形状、位置、色彩、空间和光线等因素都会诱发心理力。重力和方向所形成的平衡感是主要的影响因素。

视觉力场、方向性不同,在人心理上会形成不同的力感,表现出不同的紧张程度。当人感知到不同的形式时,会在心理上产生方向性、聚集性、流动性、张力、引力等不同的力的感受(见图 0-65)。

建筑形态的分离、叠加、削减、穿插、动感等都与人视觉的力能性相关,没有人的心理活动,就不会感受到形态之间的联系力(详见本书 3.3.1、3.3.3 等节)。

通过对视觉主要特性的分析可以看到,视觉形象永远不是对感性材料的机械复制,而是对现实的一种创造性把握,这一事实实际上并不是一种偶然的、个别的现象,它不仅在视觉中存在,而且在其他的心理能力中也存在。人的各种心理能力中差不多都有心灵在发挥作用,因为人的各种心理能力在任何时候都是作为一个整体活动着,一切知觉中都包含着思维,一切活动中都包含着直觉,一切观测中都包含着创造。

2. 形态构成的基本规律

和建筑形态构成相关的基本规律可以概括为以下几点。

1）简化与统一

视觉的单纯特性促使人把丰富的内容与多样化的形式组织在一个统一的结构之中,使视觉获得一定的秩序。

整体形态要获得统一,构成的各元素间应有一定的接近性、方向性、对称性、闭合性、连续性等特性。

2）区别与对比

对建筑形态有了初步的认识,会进一步进行深入的观察,形态的大小、曲直、虚实、形状、色彩、肌理等会有千变万化的对比与微差,从而呈现出事物的多样性。

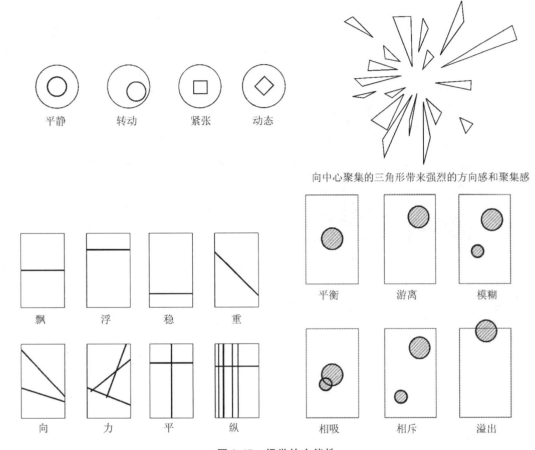

向中心聚集的三角形带来强烈的方向感和聚集感

图 0-65　视觉的力能性

　　区别的关键是对比,通过若干因素的差别,可以把表现单一的形态加以区别。如中国的塔,从简化形态来看基本是一个样的,但深入地进行分析,它们则各不相同。

　　3) 图底与主次

　　形态的图底转换能否反映出主次和先后层次,取决于图底关系。在建筑形态处理中要善于考虑图底关系,要有主有从,不可模棱两可,否则会含混不清,出现模糊性,如图 0-66 所示,何为图?何为底? 让人分不清楚。

　　4) 运动与联想

　　形态刺激产生的视觉力感、方向感和动感,给形态增加了动态性。如何使一座沉静的砌体具有运动感和生命力,是处理建筑形态时要重点考虑的问题。

　　形态在大小、形状、位置、方向、疏密、渐变、色彩等方面产生的节奏感和韵律的变化,都意味着运动,如图 0-67 所示,间距不同的线条暗示着运动。

　　视觉上的联想是指人看到的形态与记忆中的某一事物相同或相近,因而激发了想象,例如看到流线型的形态会联想到飞鸟。视觉体验来自于环境,由于人的差异,不同的人与环境会产生不同的联想。

　　对一个有创造力的设计者来说,形的生成是一个梦想,是一种创造行为,一种交流方式,一次思想的表现,也是社会和文化价值的物化,以及对未知领域的探索(如结构和材料的极限等)。应该鼓励学生在任何地方,寻找任何东西,将其发展成为艺术形体。正如罗丹所说:"美无处不在,关键是我们的眼睛能不能发现它。"

图 0-66　图与底

图 0-67　视觉的运动感

大自然给每个健全的人都赋予了一双眼睛。对于艺术研究来说,研究人本身的视觉心理是必不可少的部分,在艺术教育中(包括建筑形态的艺术研究),让学生理解视觉与心理活动是非常必要的。

1 建筑形态构成基础

建筑形态是以实体和平面造型的形式呈现出来的,造型的能力取决于对二维和三维形态进行处理的能力,熟练操作平面和空间形态的能力是设计者应具备的基本素质。本章和第 2 章系统地介绍了建筑形态构成的基础知识和空间形态构成的主要特点以及基本方法,并结合第 3 章中各种建筑的构成方法与实例分析,在反复实践中进一步加深与巩固基础。

1.1　概述

构成,是一个近现代的设计用语,简要地说就是一种美的、和谐的结构关系的视觉组成形式,是按照一定的秩序与法则将诸多造型要素组合成一种建立新关系的视觉形态。由于构成是对纯形态、色彩和质感(肌理)等方面的研究,因此其对建筑设计具有重要的理论和实践意义。

形态构成是使用各种基本材料,将构成要素按照美的形式法则组成新的造型的过程,可以锻炼设计者对立体形象的想象力和直觉判断力,是各种造型设计的基础之一。

建筑造型设计是在形态构成的基础上,再加上实用、经济、美观、文化、技术等功能要求的设计活动。形态构成可以为建筑造型设计提供多种构思方法,为构思方案服务,也可为设计者积累形象资料,提高造型能力,使建筑形态的视觉表达更为完善。

建筑形态是一种人工创造的物质形态,是指建筑在一定条件下的表现形式和组成关系,包括物形的识别性及人的心理感受两方面内容。

建筑形态构成就是在建筑设计中运用构成的原理和方法,在基本形态构成理论基础上,探求建筑形态的特点和规律,去营造气氛和创造形态的设计。无论是单一形态(单体),还是多个形态(群体),通过一定的联结方式和排列组合关系,赋予建筑形态某些特征,确立其与环境的差异和与自身的关系。

为便于分析,把建筑形态同功能、技术、经济、环境、文化等因素分离开来,作为纯造型现象,抽象、分解为基本形态要素(点、线、面、体),探讨和研究其视觉特性、规律和构成手法。

1.1.1　形态

万物的外在表现皆有形,形在视觉上是可见的,在触觉上是可以用手摸到的。在人造物的活动中,形是重要的因素,造型这个词还包含着色彩、质感、空间、时间等因素。

形态是物体的功能属性、物理属性和社会属性所呈现出来的一种质的界定和势态表情,是在一定条件下事物的表现形式和组成关系,包括形状和情态两个方面。有形必有态,态依附于形,两者不可分离。形态的研究包括两个方面,一方面指物形的识别性,另一方面指人对物态的心理感受。因此,对事物形态的认识既有客观存在的一面,又有主观认识的一面;既有逻辑规律,又有约定俗成。

1. 分类

　　形态一般可分为自然形态和人为形态两类,也可以分为具象形、意象形和抽象形三类。其中,具象形属于自然形态,而意象形和抽象形则属于人为形态(见图 1-1、图 1-2)。

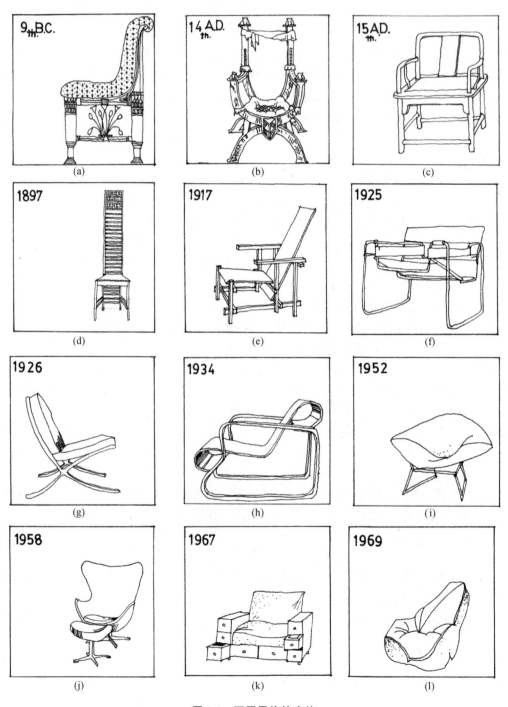

图 1-1　不同风格的座椅

图 1-2　不同造型设计

1）具象形

具象形是靠自然界本身的规律形成的形态,是一种现实的、可视的、可触摸的,能为绝大多数人所感知的实实在在的形状(见图 1-3)。

图 1-3　自然界中存在的具象形

2）意象形

意象形是一种概括的、观念性的、有装饰意味的,能为社会群体所认知的形状。在具象的基础之上,经过提炼、加工、变形,使其失去某些具象的常态形式,而仍保留部分可辨识的象征特色,从具象中升华的新的形状即为意象形(见图 1-4)。

3）抽象形

抽象形是一种经验性的、理念性的、纯粹的形状。它一般不产生于自然界,大多是由人的头脑思考后经过高度的概括、升华而产生的视觉符号(见图 1-5)。

图 1-4　由具象形变化而来的意象形(第 29 届　　　　图 1-5　设计的抽象形(第 24 届
北京奥运会艺术体操图标)　　　　　　　　　奥运会会徽)

人为形态的创造活动,在不同程度上体现着科技与艺术的双重性,有的注重体现目的性和功能性,有的则着重考虑鉴赏性。这些因素决定着人为形态的不同类别,有实用目的的形态(如齿轮、发动机等),有以美为表现目的的形态(绘画、雕塑等)和介于两者之间的形态(服装、家具、建筑、汽车等)。

2. 形态要素

构成形态的要素主要包括基本要素、视觉要素和关系要素三个方面。

1) 基本要素

将任何形态分解后都能得到点、线、面、体,这些抽象化的点、线、面、体即是形的基本要素。基本要素是概念性的,实际上并不存在,但是人能够感觉到,如在两条线的相交处,可以感知到点的存在。

2) 视觉要素

视觉要素是指视觉最直接感知到的形态本身的属性,包括形状、大小、色彩和肌理等。抽象的概念性要素要借助于视觉要素才能成为可见的形态,任何点、线、面、体在实际形态中都必须具有一定的形状、大小、色彩、肌理、位置、方向等视觉要素。这些视觉要素是形态构成的要素,也是形态设计借以进行变化和组织的要素,任何设计无非是在变化这些要素,从而形成多变的形态。

3) 关系要素

位置、方位、视觉惯性等是形态的关系要素,表示各形态之间的相互关系。视觉要素与关系要素的详细论述见 2.2 节和 2.3 节。

3. 基本形

基本形是平面构成中重要的概念之一,是构成平面图形的基本单位。基本形在构成中以一定的组织规律重复出现,使图形产生内在的联系和统一感(见图 1-6)。

图 1-6　形和基本形

几何图形的基本形可以分为单形和复形(见图 1-7)。

1) 单形

单形是不依靠另外的形象而独立存在的形态,正方形、三角形和圆形是基本形中的三原形。正方形无方向感,在任何方向都呈现出安定的秩序感,静止、坚固、庄严;正三角形象征稳定与永恒;圆形充实、圆满,无方向感,象征完美与简洁。

2) 复形

复形是由两个以上的单形所组成的复合形,形态比单形丰富多变。形的组合不是简单的拼凑,应依据组合规律,如主次、联系、协调等使之有机结合,成为一个完整的、新的形态。组合特点是简洁、明快、变化丰富而又易于记忆。

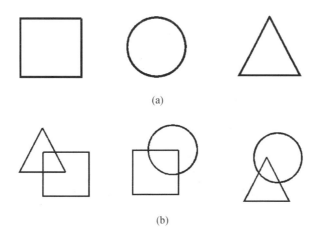

图 1-7 单形和复形

(a)单形；(b)复形

在构成时，基本形可以是单形，也可以是复形，应以简洁为宜，避免组合复杂、凌乱。

4. 形与形的关系

两个单形或基本形之间的组合可以有八种不同的关系：分离、接触、覆盖、透叠、联合、减缺、差叠和重合。这八种关系几乎涵盖了形与形组合的所有方面，适当运用各种关系对形态进行处理，可以得到具有视觉美感的形态（见图 1-8）。

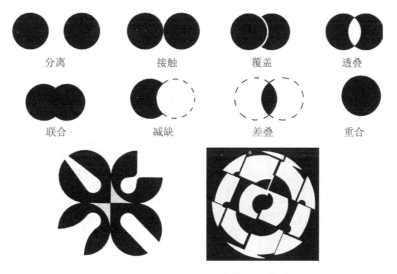

图 1-8 两形相遇的八种基本关系和构成选例

5. 骨格

骨格即骨架，是形态所依附的框架，维持整个构成设计的秩序，决定彼此间的关系，是联系形态的内在组织结构。

骨格由概念性的线要素组成，包括骨格线、交点、框内空间。骨格的作用是组织基本形和划分背景空间，基本形和骨格的组织是构成一个形态的基本条件。

从不同角度分类，骨格可以分为作用性骨格与非作用性骨格、规律性骨格与非规律性骨格。

1) 作用性骨格与非作用性骨格

作用性骨格是由骨格线形成的骨格单位对基本形进行限定,在构成时强调骨格线的位置,将超出骨格范围的基本形作切削,使形态失去完整性。非作用性骨格一般为隐含的,只对形起定位作用,保持形态的完整(见图1-9)。

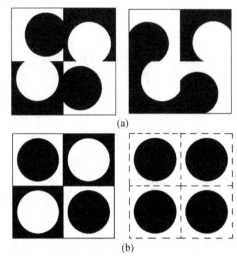

图1-9 作用性骨格与非作用性骨格

(a)作用性骨格(圆形被骨格线切削);(b)非作用性骨格(圆形保持完整性)

2) 规律性骨格与非规律性骨格

规律性骨格具有明显、严谨的骨格形态,骨格单位直观、明快,常见的骨格形式有重复、渐变、近似和发射等。

非规律性骨格没有明显的秩序感,形态依据内在的构成法有机地组织在一起,常见的有特异和密集等骨格形式。如果说规律性骨格表达的是理性的一面,那么非规律性骨格显现的则是感性的一面(见图1-10)。

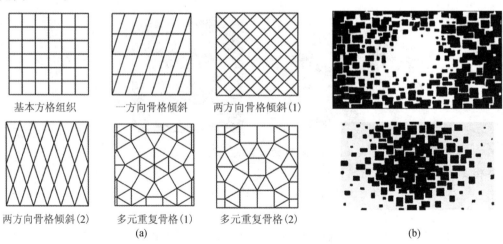

基本方格组织　　一方向骨格倾斜　　两方向骨格倾斜(1)

两方向骨格倾斜(2)　多元重复骨格(1)　多元重复骨格(2)

(a)　　　　　　　　　　　　　(b)

图1-10 规律性骨格与非规律性骨格

(a)规律性骨格示例;(b)非规律性骨格示例

1.1.2 视觉心理

形态涉及形状和情态两方面,不同的形态在不同的情况下会给人不同的视觉效果和心理感受。人的视觉心理包括图与底、形式美规律与审美观念、视错觉等方面,研究形态的视觉心理会帮助我们更加深入地了解形态的特点。

1. 图与底

平面构成中的形与其背景通常在形态上差异明显,形有完整的边界轮廓,从背景中凸显出来成为焦点,称为图(正形),是画面的视觉中心;背景显得随意无规则,称为底(负形),图与底具有相反的视觉特性(见表 1-1 和图 1-11)。

表 1-1 图与底的视觉特点

	图(正形)	底(负形)
视觉特点的对比	具有前进性,脱离环境	具有后退性,陷入环境
	引人注目,容易记忆	不显眼,易忘记
	明确、集中	范围不明确、分散
	具有安定性,给人深刻的印象	连续性强,空间位置不明确
	具有轮廓及物体的特征	未定型,很难感受到形体

(a)

(b)

图 1-11 图与底

图 1-11(a)中,几个随意摆放的有缺口的黑色圆形看起来没什么特别之处,但经过特意安排后,会很明显地感到白色三角形和矩形的存在,黑色的圆形反而弱化了。图 1-11(b)中,图底变换给人

带来了不同的视觉感受。

在具体的构成中,图与底在视觉上的关系不是绝对的,在一定的情况下可以相互转化,当图与底具有相同的视觉强度时,彼此可以互为图底。

2. 形式美规律与审美观念

形式美是指造型形式各要素间普遍的、必然的联系,一般来说包括对比与统一、稳定与均衡、节奏与韵律、比例与尺度、主与从等方面的联系,这种联系是相对稳定的,是指导一切形态构成的基本原则。

审美观不是人类与生俱来的天性,而是随历史发展着的、对现实的具体认识之一。审美观不是静止和孤立的,往往因地域、民族、文化、年龄、性别、时代等因素的影响而有一定的差异,科学技术的进步带来新的事物和新的形态,推动着人类审美观的改变。

3. 视错觉

视错觉又称错视,是一种视觉现象,是一种与物体形状、色彩有关的错觉。如一个形比实际的尺寸看起来大或者小、直线显得扭曲等(见图 1-12)。

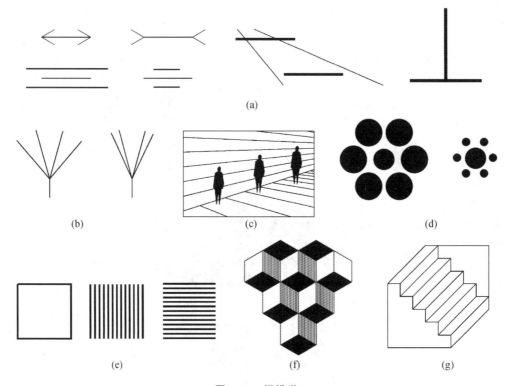

图 1-12 视错觉

(a)长度错觉;(b)角度错觉;(c)(d)大小错觉;(e)面积错觉;(f)(g)反转实体错觉

视错觉是在环境和一定条件的作用下,人的心理、生理产生的一种错误的视觉影像。《列子》一书《两小儿辩日》中写道"日初出大如车盖,及日中则如盘盂"就是视错觉的例子。透视学也是利用人眼视错觉的特点,在二维的平面中创造了虚拟的三维空间。

视错觉是既普遍又特殊的视觉现象,产生的原因很复杂,有生理和心理两方面的因素,还与感知物体时的环境以及某些光、形、色等因素的干扰有关。

视错觉可以分为形态错觉和色彩错觉,其中有长短错觉、角度错觉、大小错觉、远近错觉、距离错觉、反转实体错觉等方面。

视错觉有时能严重歪曲形象,了解视错觉现象,可以在视觉上修正由此造成的图面不均衡,或巧妙地利用视错觉来产生某种特殊的效果。

1.2 建筑的点构成

作为基本形态要素,点是形态构成中最小的形式单位,有多变的表现形式,在建筑平面和空间形态中起着不同的作用。

1.2.1 性质与视觉特征

1. 性质

点是小的、细微的形象,这里所说的小是相对的,在城市设计和规划中,很大体量的建筑物也可以被看作点。

形态构成意义上的点不是只有位置、没有大小的抽象概念,它有形状、大小(面积、体积)、色彩、肌理等特征。点的概念与面积有关,不因形状而改变,符合大小要求的任意形状均可成为点。当一个形与周围的形相比较小时,就可以看成是一个点,如图 1-13 所示,同样的点在不同的环境中,会有面积大小的视觉变化。

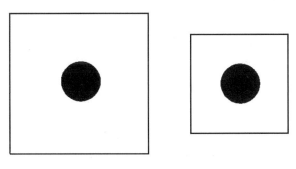

图 1-13 点的形态

点除了表示位置外,还可表示大小,它的大小是与其放置的环境对比而言的。点越大,点的特征越弱;相反,点越小,点的特征就越强。

点的知觉与其形态有关,集中的、收缩的、连贯的、闭合的形态容易从背景中独立出来,形成点的感觉。圆形比方形和三角形更容易显示点的效果,将建筑的重要部分设计成圆形,很容易使其从背景中脱颖而出。

2. 视觉特征

点是造型的出发点,是一切形态的基础。点是力的中心,具有构成重点的作用,显现出视觉的中心,有时会起到定位和平衡的作用。

点具有面积和形态,有多种样式的构成。通过点的大小、形状、间隔、虚实等变化,可以表现出整齐、秩序、力感、节奏感等视觉效果,产生体积、空间和光影感(见图 1-14、图 1-15)。

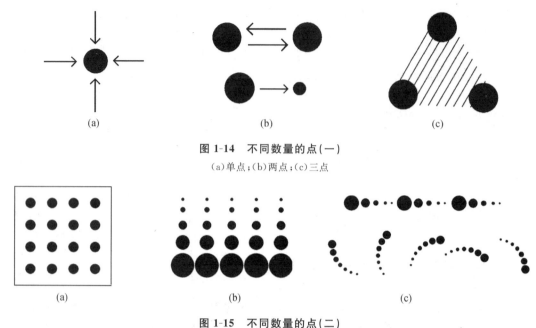

图 1-14　不同数量的点(一)
(a)单点；(b)两点；(c)三点

图 1-15　不同数量的点(二)
(a)大小相同的点；(b)点的运动感和空间感；(c)点的韵律感

1) 单点

点没有方向性,而且具有收缩效应,通过引力来控制空间。在一个视域或一个画面中独立的点具有向心、集中的视觉效果。

2) 双点

两个相互分离、大小相同的点,视线会在两个点之间来回移动,产生虚的线；大小不同的点在一起时,视线首先会被面积大的优势点吸引,然后移向较小的点而产生动感。一般称优势点为始动点,劣势点为终止点。

3) 多点

如果有三个点,会在三点间产生虚线,进而联想出一个消极的三角形的面空间。若是四个点,会暗示出消极的四边形的面空间。

三个或四个大小相同或不同的点排成线,会产生节奏、韵律和方向的效果。

4) 点群

五个以上的点可以认为是点群,点群有以下三种效应。

① 大小相同的点群会产生面的效果,这种面像针织网的结构一样,是半实半虚的。

② 大小不同的点会产生动感和空间感,动感是由点的始动感和终止感决定的,空间感是由"近大远小"的透视现象引起的。

③ 若按照一定的方向和间隔排列,会形成一定的韵律与节奏,产生时间的联想。尤其是大小不同的点组合,更容易使人产生连续、休止、再连续的时间感。

1.2.2　建筑中的点

在建筑形态中,凡是在整个构图比例中有较小的位置,或在长、宽、高三维中只占据了较小空间的形体,都可认为是点的形态。

建筑平面形态构成中,点通过位置、大小和背景的色差,以及距视觉中心的距离,体现形态力,影响观看者的心理,产生前进或后退、膨胀或收缩等不同的视觉效果。

1. 构成形式

点在建筑形态构成设计中,主要有规律性构成与非规律性构成两种表现形式(见图1-16)。

1)规律性构成

规律性构成指建筑形态构成中各点要素的有序构成形式,其要素之间常呈几何形的排列与组合,又被称为封闭式的构成。在构成中,要注意各个点要素之间节奏感的处理,以获得有序的视觉效果。

如图1-16(a)所示,各坟墓有序排列,呈现出严谨的构成规律;图1-16(b)中,看似随意布置的窗在水平、垂直两个方向上都有对位的关系。

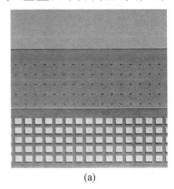
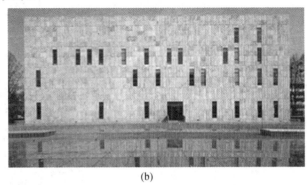

(a)   (b)

图1-16 点的规律性构成

(a)意大利某公墓;(b)德国撒克逊联邦图书馆

2)非规律性构成

非规律性构成指建筑形态构成中各点要素的自由构成形式,其要素之间要求聚散相宜、疏密有致、大小相间、高低错落,又称为开放式构成。在构成中,须注意各要素间的构成要有抑扬起伏的韵律感变化,切忌建筑外观构形呆板、分散,其效果给人的印象应是自由、活泼与轻快的。

如图1-17(a)所示,虽然按照等差比的关系进行了水平划分,但窗的大小与比例仍显得随意、无规律;图1-17(b)中,具有点的视觉特征的窗零星地分布在墙面上,自由而活跃。

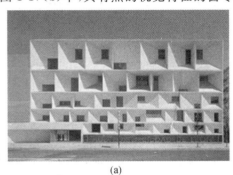
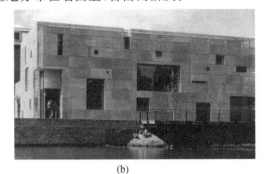

(a)   (b)

图1-17 点的非规律性构成

(a)西班牙某音乐协会;(b)荷兰某办公楼

2. 位置

1) 点在线上

点在线上时有两种情况,一种是端点,一种是节点。

(1) 端点

端点存在于线的起始或终结处,如棱角的顶端,建筑柱头、柱基,塔式建筑的顶部,圆锥、角锥的顶点等部位,这些端点以及夜晚广场灯柱的顶端,都有点的特征。

建筑形态设计时常在这些部位进行特殊处理,形成关注点、趣味中心。重视与发挥端点的作用,对引导人们的视觉关注有重要作用。

如图 1-18(a)所示,夜间广场上柱子的发亮顶端,起到控制广场空间和引导的作用;图 1-18(b)中,柱子的端头经过精心设计,成为视觉趣味点。

 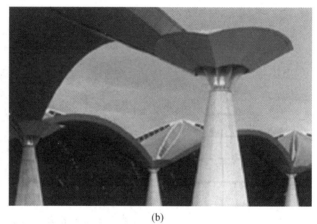

(a)   (b)

图 1-18　端点

(a)夜间广场柱子;(b)马来西亚吉隆坡机场航空站

(2) 节点

线的交接处称为"节",具有区分线段、连接过渡、承受变化等多种功能,在总体中起着关键的控制作用。

在建筑中,道路交叉处的广场、廊道交汇的门厅或过厅、梁柱的交接处、梁柱与顶棚屋面的交接处等建筑的形体空间汇聚或交接的地方都可看成节点(见图 1-19)。

设计时通常对节点进行加工处理,使之成为赏心悦目的观赏点。

2) 点在面上

建筑垂直于水平界面上的点,在建筑形态中起着呼应、联系、点缀等作用,作为细部的点更使建筑的表现趋向完美,起到突出重要部位的作用,成为画龙点睛之笔。

(1) 平面中的点

对于整个建筑形态来说,体积较小的形体会具有点的特征。在环境中相对较小的形态,如花坛、水池、树木、雕塑等都可以看成点(见图 1-20)。

图 1-19　上海东方明珠电视塔

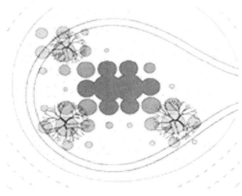

图 1-20　意大利某街心广场

（2）立面中的点

建筑立面上面积较小的窗洞、阳台、雨棚、入口以及屋面上其他凸起、凹入的小型构件和孔洞等，都具有点的视觉特性。

点一般是间隔分布的，具有明显的节奏，有活跃气氛、重点强调、装饰点缀等功能，设计得当则会起到画龙点睛的作用。建筑立面中最富表现力的是窗洞，常自然分布形成点式构图。建筑立面上密布的窗，在城市景观中可以呈现出很有质感的效果。如图 1-21 所示，香山饭店内的菱形窗具有一定的装饰性，并具有强烈的传统特征。

图 1-21　菱形窗

我国传统建筑中点的形态非常多，如门钉、椽头、滴水等，而在现代建筑中点应用的实例也是不胜枚举（见图 1-22）。

呈随意状态分布的点会带来自由跳跃的感觉，沿直线或曲线排列的点兼有线的方向感和点的活泼感。点密集排列成平面或曲面时，会丧失原有的特性，而呈现出一定的质感。点的形态决定了所形成面的质感。

如图 1-23 所示，像花生米壳似的屋面上凸出的构件显示出点的效果；图 1-24 中，大片实墙面

(a)　　　　　　　　　　　(b)

图 1-22　门钉
(a)传统建筑中的门钉；(b)现代建筑中的门钉

上随意散布着的圆点跳跃自由，与下层的阴影形成强烈对比；图 1-25 中，银色圆珠状发亮的点密集排列，使曲面有鳞甲般的肌理，这个庞然大物能吸引人的注意力；图 1-26 中，颜色深浅不同的、空心或实心的六边形体像蜂巢一样排列，视觉效果生动有趣。

图 1-23　奥地利格拉茨美术馆(Graz Art Museum)

图 1-24　澳大利亚墨尔本某剧院

图 1-25 英国伯明翰塞尔弗里奇百货公司

图 1-26 日本某博览会建筑

3）点在空间中

点是建筑空间构成中最基本的元素，具有向心性和醒目性。空间中点的体积有大有小，形状多样，可排列成线、放射成面或堆积成体（见图 1-27）。点对空间的限定作用详见 2.3.2 节。

图 1-27 布鲁塞尔原子能博物馆

3. 作用

1) 强调

点要素具有加强位置的作用。例如,在对称式构图的建筑中,形态本身已具有均衡的效应,若在建筑立面轴线位置加上一个点状的装饰图案,该建筑的轴线关系就会被强调出来(见图1-28)。

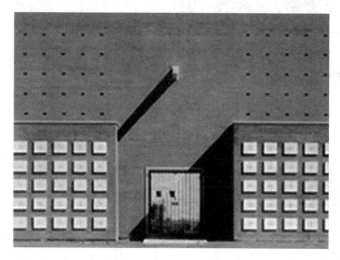

图 1-28 点的强调作用

2) 中心

当一个空间里只存在一个点状要素时,无论是何种形状,人都会在心理上认为它是中心。这个点要素容易成为构图的中心,起到控制整个造型空间的作用。

3) 方向

当点成线状排列与组合时,就会产生方向感。例如,建筑外立面的窗户,若以点状形态竖向排列,会产生竖直的方向感;若横向排列,则会产生水平的方向感;而横竖均衡排列,就会使建筑外立面失去方向感,变成一个"面空间"的形态(见图1-29)。

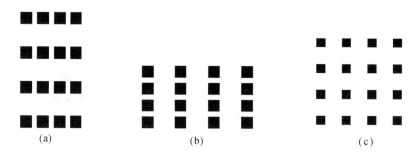

(a)   (b)   (c)

图 1-29 点的方向性

(a)点的横向排列;(b)点的竖向排列;(c)点的均衡排列

1.3 建筑的线构成

线是决定一切形象的基本要素,建筑中千变万化的线造型构成了丰富的建筑形态。

1.3.1 基本特点

1. 形成

点的运动形成线,点是自然静止的,线则能够在视觉上表现出方向、运动、速度和生长。线的长度可以看成是点运动的结果,运动支配着线的性格,不同的运动赋予线各种各样的性格。

线是细长的形,和面、体相比,线显得精致与轻巧。当形的长宽之比较大时,可以视为线,线在视觉上表现为"长"的特征。线有宽窄之分,长度与宽度的比值越大,线的特征越强;比值越小,线的特征则越弱。

构成中线的语言是非常丰富的。线的形态有粗细、长短、曲直、方圆之分;断面有圆、扁、方、棱之别;材质上有软硬、刚柔,光滑、粗糙的不同;从构成的方法看有垂直构成、水平构成、交叉构成、曲线构成、弧线构成、乱线构成、扭结构成等,通过合理的方式形成线的韵律。

线可以作为分割平面的框架或骨格,在框架中线可显现,也可隐藏。线有方向性和联系性,分散的点和面往往要由线来连接和贯通,以达到更好的整体效果。

线与线之间彼此交错,通过加减、断续、粗细、浓淡、疏密等不同方式的组合,建立起秩序感、空间感、动感等。

线的形态、色彩、质感的变化可以构成不同的线型,各种线型的组合编排形式的差异又可以构成多变的式样(见图1-30)。

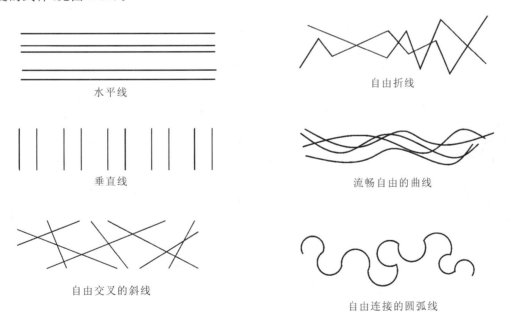

水平线

自由折线

垂直线

流畅自由的曲线

自由交叉的斜线

自由连接的圆弧线

图 1-30 不同形态的线

2. 构成方式

1) 分割

线的分割性在自然界普遍存在,不同的分割点可以产生不同的比例关系。线的分割保证面有良好的视觉秩序,面在直线的分割下,产生和谐统一的效果。空间通过不同比例的分割,会产生层次韵律感。

如图 1-31(a)所示,像大树一样从下到上由粗变细的分割线,把建筑表面自由分割成不同区域,生动灵活,呈现出自然的味道;图 1-31(b)中,以树为原形,用抽象的线条概括地把建筑表面分为形状不一的三角形、菱形和梯形,活跃而亲切;图 1-31(c)中,在 18 m×18 m×4.8 m 方形盒子表皮,方向多变的直线把各个面进行切割,打破了建筑正面、侧面、顶面的区分,围合成一个"无立面"的建筑空间,置身其中的人会体验到空间的自由、随机与动感。

图 1-31　线的分割

2)排列

线进行垂直、水平、倾斜等不同方向的排列,会产生不同的视觉感受(见图 1-32)。

3. 类型与情感

点沿一定的方向运动形成直线,运动方向不断变化则成为曲线,折线是点运动一定距离后改变方向的线。

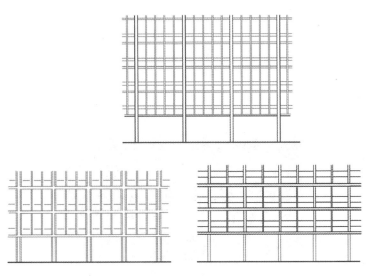

图 1-32 线的排列

线可分为直线和曲线,根据直线的方向不同,又可以分为垂直线、水平线和斜线三种形式,建筑形态中常见的是垂直线和水平线。曲线有平面曲线和空间曲线之分,又有规则曲线与不规则曲线之分,在制图技术与施工水平不断提高和进步的今天,各种不规则曲线和空间曲线越来越多地使用在建筑形态中。

不同形态的线具有不同的情感表达(见表 1-2)。

线有方向性,不同方向的线有不同的表情特征(见表 1-3)。

<table>
<tr><td colspan="2" align="center">表 1-2 线型的情感表达</td></tr>
<tr><td align="center">线型</td><td align="center">情 感 表 达</td></tr>
<tr><td align="center">粗线</td><td align="center">厚重、稳健有力、坚固</td></tr>
<tr><td align="center">细线</td><td align="center">精致、脆弱、敏感、锋利</td></tr>
<tr><td align="center">直线</td><td align="center">刚直、坚定</td></tr>
<tr><td align="center">曲线</td><td align="center">优雅、轻盈、调和、柔美、委婉、
有张力,情感丰富</td></tr>
</table>

<table>
<tr><td colspan="2" align="center">表 1-3 线型的表情特征</td></tr>
<tr><td align="center">线型</td><td align="center">表 情 特 征</td></tr>
<tr><td align="center">水平线</td><td align="center">平静、舒展、开阔</td></tr>
<tr><td align="center">垂直线</td><td align="center">挺拔、直接、锐利、坚强、严肃</td></tr>
<tr><td align="center">斜线</td><td align="center">律动、飞跃,具有方向感、动感</td></tr>
<tr><td align="center">折线</td><td align="center">不安定感,转角锐利的
折线会更显浮躁</td></tr>
</table>

因为线是由点运动而形成的,本身具备动的力量,所以线因其形状、位置、方向等变化而显示的力量、速度、方向等因素造成的运动感,是支配建筑形态设计中线的情感表达的主要条件。

1.3.2 建筑中的线

建筑形态中一切相对细长的形状都具有线的效果,它可以是摩天楼、高耸的古塔、一排柱廊,也可以是一圈圈拱券。

线在构成中有表明面与体的轮廓,使形象清晰,对面进行分割并改变其比例,限制、划分有通透感的空间等作用。

线具有特殊的表现力和多方面的造型能力,一切建筑的各个部位都涉及线的设计问题。建筑立面中的立柱、过梁、窗台等构件和屋檐、窗间墙等部位都是线的表达,这些丰富的线可以构成变化多样的组合,许多杰出的建筑物都是以线的表现为主的。

建筑形态中的线有实线、虚线、色彩线、光影线、轮廓线等形态,各种线的加减、断续、粗细、疏密等不同方式的排列组合,是建立秩序感的手段。

建筑结构主要通过线来表现,建筑中的直线和曲线的结构体系具有轻巧灵动的力感,结构的美感在很大程度上是线构成的美。众多大跨度建筑反映了线造型优美而动态的效果,线型构件肯定的力量、有节奏的组合,使建筑产生了很强的感染力(见图1-33)。

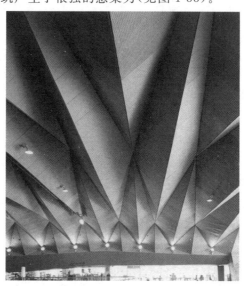

图 1-33 横滨国际码头的室内混凝土结构

1. 线的作用

建筑形态的线出现在面的边缘、轮廓和面的交界处。由于长短、粗细、曲直、位置等的不同产生丰富的视觉效果,如厚重、轻巧、刚强、动静等,唤起人们不同的联想与情感。

位于面上的线通过分割、排列、交接,使用可调的比例、变换的尺度,再配合材质、色彩等视觉要素形成了变化丰富的形态,起到装饰、表达感情与艺术风格、传达文化等的作用,在建筑形态构成上发挥着特有的魅力。

1)装饰

在绘画、雕塑、平面设计、广告制作等许多专业和领域,线作为一种主要的表现手段,产生和强化作品的美感与装饰效果。建筑平面或立面中的线,可以使建筑形态呈现出艺术的美感。

如图1-34(a)所示,苏州博物馆白色墙面上的深色线条既有装饰作用,又非常恰当地表现了中国的传统建筑风格;图1-34(b)所示,日本石头博物馆利用砖的凹陷形成深色的错列条纹,装饰效果与建筑显得贴切而自然。

2)表达感情与风格

线是点的运动形成的,所以线本身具备运动的力量。由线的形状、位置、方向等变化而显示出的力量、速度、方向等因素造成的运动感,是支配建筑形态中线的情感的主要条件。

各种线具有长短、粗细、曲直、方位、色彩、质感、动静、横竖、刚柔等不同形态、不同力感、不同节律等视觉特点,可以使观察者产生伸长与收缩、雄伟与脆弱、刚强与柔和、拙与巧、动与静等不同心

图 1-34　装饰线

(a)苏州博物馆；(b)日本石头博物馆

理感受,唤起多种联想和不同的情感反应。如图 1-35、图 3-227 所示,D.里勃斯金设计的德国柏林犹太人博物馆的造型曲折、幅宽被强制压缩,线形的狭窄空间支离破碎,展示了一个民族的悲惨命运,像具有生命一样,满腹痛苦,蕴藏着不满和反抗。

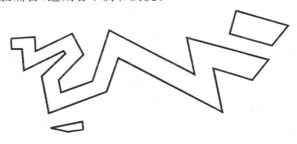

图 1-35　线的联想与情感

3）传达文化

不同线的组合还常用来作为传达文化的符号。例如,不同地域的拱券有着不同的轮廓线,表达着不同的哲学观念、文化传统和审美心理。半圆形的拱券是古罗马建筑的重要特征,飞升直上的尖券为哥特式建筑的典型风格,而伊斯兰建筑的拱券则有尖形、马蹄形、弓形、三叶形、复叶形和钟乳形等多种线形。

古埃及金字塔浑厚粗壮的线条表达了法老权力的至高无上,希腊、罗马柱式和檐口的线表达了典雅与华贵的思想,哥特式建筑直指苍穹的线条显示了人们追求某种精神的思想,中国古典建筑舒展如飞的大屋顶,则显示了人们对自然的亲和(见图 1-36)。

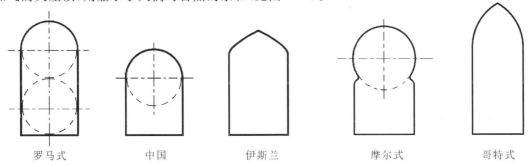

罗马式　　　　中国　　　　伊斯兰　　　　摩尔式　　　　哥特式

图 1-36　不同文化中的拱券

2. 建筑中的直线

直线是建筑形态中最基本的也是运用最为普遍的线,面的交接、体的棱、柱子、檐口、屋脊、栏杆、窗格等处处都表现出了最为普遍的直线特征。

1) 垂直线

垂直的线与地面成直角相交,显示了与地球引力方向相反的冲力。直线具有崇高向上和严肃的感觉,彰显着力量与强度,使物体表现出高于实际的感觉。

两条等长的平行垂直线之间具有一种可联系成面的感觉,其间隔愈近、重复的次数愈多,面的感觉就愈明显。

如图 1-37(a)所示,竖向的线条使建筑显得挺拔;图 1-37(b)中,重复使用多根垂直线条,增加了建筑宁静、平和的感受。

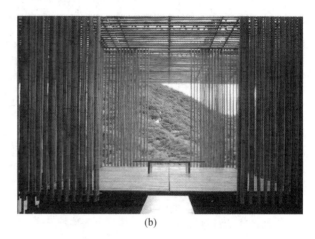

(a) (b)

图 1-37 建筑中的垂直线

(a)上海企业天地 1♯、2♯(巴马丹那国际公司,2004 年);(b)长城脚下的公社(竹墙,2002 年)

2) 水平线

水平线与地面平行,具有附着于地球的稳定感,有舒展、开阔的表情,易于形成非正式的、亲切的、平静的气氛。建筑中的水平线在一定程度上有扩大宽度和降低高度的作用。

如图 1-38(a)所示,宽度不一的开窗在建筑立面上有线的感觉,断断续续,起到装饰作用;图1-38(b)中,长直的水平线带来建筑的舒展感。

3) 相交的垂直线和水平线

水平线与垂直线相交时,能抵消垂直线所形成的方向性和长度感。我国木结构的梁、枋、柱、斗拱等的特征都是这种横竖交织的力的平衡表现。

在建筑的局部中,横竖线有改变人们视知觉的作用,对整体比例的不足可起到局部调整的作用。

建筑形态中的一切细长构件、线脚、接缝或影子,它们之间的平行或垂直相交的特征,均能构成线组合的节奏,形成丰富的韵律美。

4) 斜线

与水平线和垂直线相比,斜线更具有力感、动势和方向感,可看作升起的水平线或倒下的垂直线。斜线愈平缓,其性质愈接近水平线,而接近垂直时则又与垂直线的性质相似。

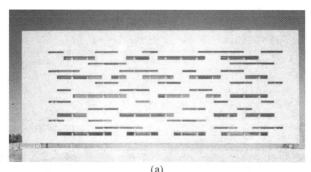

(a)

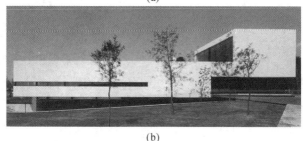

(b)

图 1-38 建筑中的水平线

(a)葡萄牙里斯本新大学管理中心,2003 年;(b)西班牙某建筑,2002 年

一条斜线是不均衡的,当两条斜纹交叉时,这种不均衡感和方向感会被削弱。由于斜线的这些特征,斜的形体一般显得比横竖的形体更活跃。如正方形或八角形,当立于一端点时,图形充满动势,与平置时的静态形成了鲜明对比。

如图 1-39(a)所示,规整的斜线把建筑表面分成均等的菱形,与不规则的平面形成视觉上的对比;图 1-39(b)中,粗细不一、方向不同的两组平行框架使建筑充满动感与趣味。

3. 建筑中的曲线。

曲线具有柔软、弹性、连贯和流动的性质,并且其富有韵律感和柔和感,变化丰富,比直线更容易引起人们的注意。

几何曲线,如圆、椭圆、抛物线等,线型规则、简单、明了、直率,表达理智、圆浑与轻快。自由曲线,如弧线、波形线,显得更加自由、自然,具有优雅、平滑、奔放与丰富的个性。

急转的曲线会产生强烈的刺激,平缓的曲线则使人感觉柔和。

建筑创作中,曲线形式的应用丰富了建筑造型语汇,形成有别于传统建筑形态的空间艺术形式,创造出与传统静态意识不同的,具有强烈动感、超现实力度感和生命力的建筑作品。

建筑中常用的曲线形式有圆、椭圆、类椭圆、圆弧线、圆锥曲线、波浪线等几何曲线,以及 S 形曲线、C 形曲线、e 形曲线等自由曲线。

1)自由曲线

自由曲线具有丰富的表情,流畅且富有运动感和节奏感,在场地设计、景观环境、雕塑中运用较多(见图 1-40)。

2)几何曲线

按照形态的不同,几何曲线可分为闭合曲线和开放曲线。建筑形态中经常用到的闭合曲线有圆、椭圆和类椭圆等;常用的开放曲线有圆弧线、双曲线、抛物线、变径曲线和涡旋曲线等。

平面图

入口 室内

(a)

(b)

图 1-39 建筑中的斜线

(a)日本东京某商厦;(b)美国纽约贸易中心

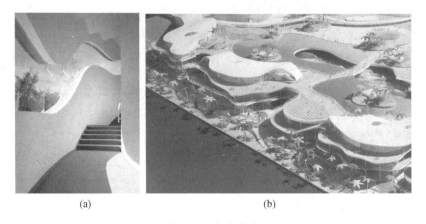

(a) (b)

图 1-40 自由曲线

(a)墙面上的自由曲线;(b)平面中的自由曲线

（1）圆形

圆形稳定、圆满、浑厚，无方向性，是理想而完美的图形（见图1-41）。

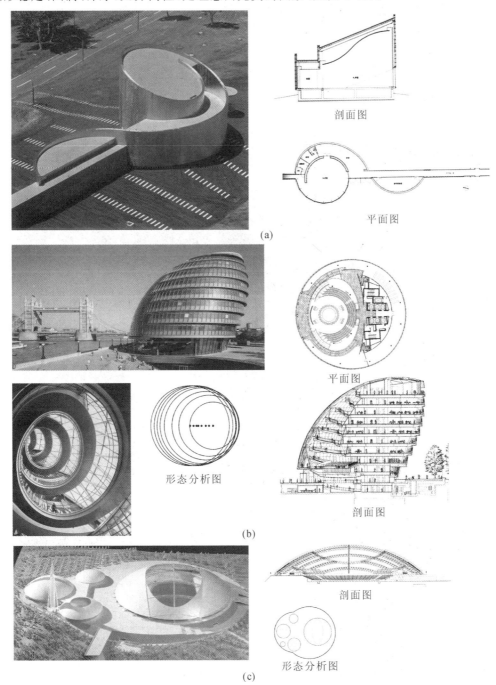

(a)

(b)

平面图

剖面图

形态分析图

(c)

剖面图

形态分析图

图1-41　圆形及弧形组合

（a）日本某博物馆；（b）伦敦市政厅（英国，N. 福斯特，2002）；（c）某体育馆；（d）日本某儿童图书馆；

（e）日本交响乐花园；（f）Rouen展览及音乐中心（法，B. Tschumi，2001）

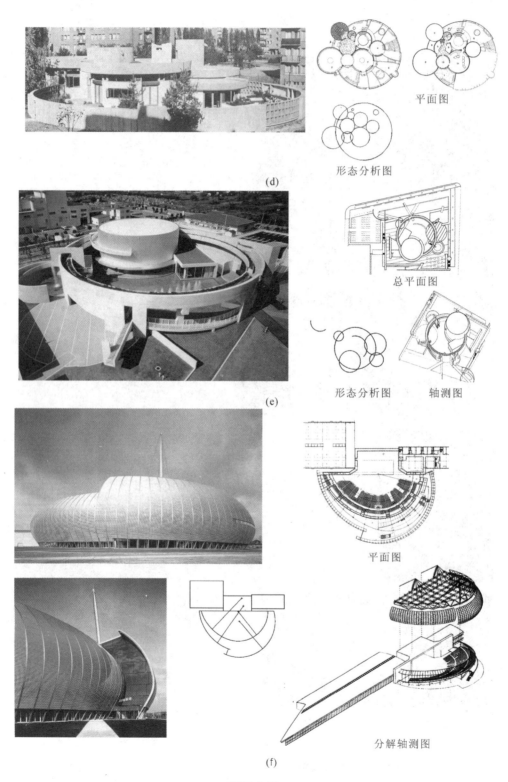

(d)

(e)

(f)

续图 1-41

（2）椭圆形

椭圆形有长短轴之分,具有一定的方向性。建筑的整体造型和洞口形状经常会用到圆形与椭圆形(见图 1-42)。

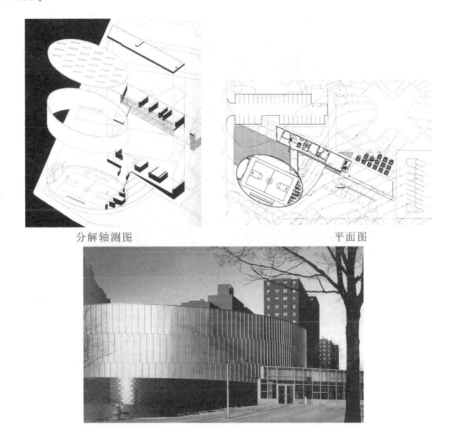

分解轴测图　　　　　　　　　　平面图

图 1-42　美国纽约梅尔洛斯社区中心

（3）抛物线

给人以奔放、方向感强、内聚性好的心理感受,近于流线型,具有速度感。抛物线的线形流畅悦目,应用于建筑创作中能够表达较强的现代感(见图 1-43)。

图 1-43　希腊奥林匹克运动中心

（4）双曲线

双曲线能够赋予建筑一种飘逸、脱俗的气质。如图 1-44 所示，巴西利亚阳光大教堂的屋顶由数十根双曲线状的立柱束在一起，远看像巴西印第安酋长用禽鸟羽毛做成的"王冠"。

图 1-44　巴西利亚阳光大教堂

（5）螺旋线

螺旋形往往是建筑造型的母题，以螺旋线这一几何曲线为构成要素，并以之作为平面布置或空间造型的母题，经过反复再现和穿插组合变化，可以取得建筑主题形式的统一。

在建筑造型中常见的螺旋线有圆柱螺旋线、圆锥螺旋线、涡旋螺旋线等，更多的是以几种不同形式的螺旋线相互组合与变化形成的新螺旋线建筑造型（见图 1-45）。

图 1-45　四川三星堆博物馆

（6）S形曲线

"S"形曲线由正反两段圆弧连接而成,为展现圆弧需要较大的用地,一般适用于规模比较大的建筑,对其设计、施工的要求也比较高。由S形平面构成的建筑体型富有动感,若建筑层数较多,则会显得更加飘逸、潇洒。S形曲线上下起伏,使人眼沿着连续的变化移动,比直线表现得更有趣,其相邻部分在一正一负的连续中相互制约。

（7）正弦曲线

正弦曲线具有最牢固的结构关系,包含着最单纯的多样统一,是节奏韵律的典型与浓缩。在建筑创作中,正弦曲线与阻尼振动曲线经常被用于建筑的细部设计当中,如屋顶、雨篷、铺地设计等等（见图1-46）。

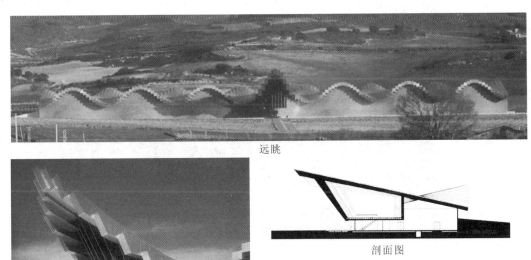

远眺

剖面图

入口

图 1-46 酿酒厂
（西班牙,S.卡拉特拉瓦,2002年）

4. 直线与曲线的结合

直线有阳刚之美和沉静之气,曲线则婉转、流畅,有亲近自然的舒适感。直线与曲线的结合运用,是刚柔的完美组合,刚劲、明朗之中不失轻快、活泼。在直与曲的对比之中,直线造型更挺拔,曲线则更婉转、饱满,既体现了严谨理性与热情奔放的心理感受,又给人时尚简约与亲切自然的视觉冲击,丰富了艺术表现力。

如图1-47(a)所示,几个相向的L形构件,在转角处以弧线过渡,比例与角度恰到好处,整体造型简洁、优美又富有层次感;图1-47(b)中,耸立的标志性折面双塔主宰着宽阔的湖面与连廊,舒展而对比强烈。

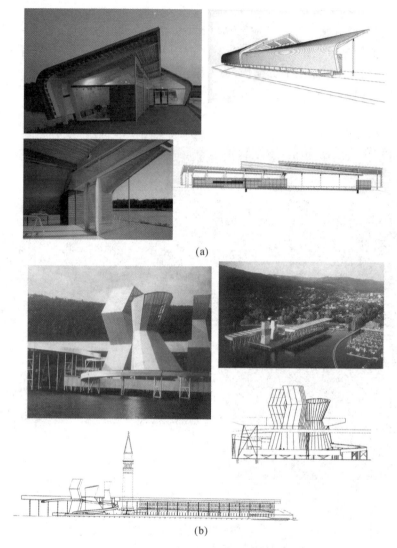

图 1-47　建筑中的直线和曲线
(a)荷兰某展览廊;(b)瑞士世博会展馆(2002 年)

1.4　建筑的面构成

面的围合是构成空间和形成体量最重要的手法,千变万化的面进行组合,构成了风格多样的建筑形态。

1.4.1　性质与构成方式

1. 性质

在几何学中,面是线移动形成的轨迹,面有长度、宽度,无厚度,是体的表面,受线的界定,有一定的形状。二维的面,表示其方向和位置。面进行折叠、弯曲、相交后会形成三维的面。

面有平面、折面和曲面等基本类型,平面具有机械性的庄严感,带有方向性,曲面则富有运动性与变化性。

面由于形状的不同,各具不同的表现力。面要素是建筑中关键的要素之一,以自身的属性(形状、大小、色调、质感等)和各面之间的相互关系决定所构成空间的视觉质量。

2. 构成方式

从形态构成的角度来说,面主要的构成方式有分割和积聚。

1)分割

在面的不同位置对边界、中部进行切割和划分,会得到不同形态的面。虽然分割要借助于线,但分割构成的着眼点却在于面的大小以及分布的均衡上,这与线的积聚是不同的。分割的方法有等量分割、比例分割和自由分割等。

2)积聚

积聚是指以面形为基础,向外作延展的组合。其整体外形是不定的,用于组合的面可以是形状相似的或形状相异的,也可以是相互联系的或相互独立的。

由于点、线在面上的处理,加之材料、色彩、肌理的不同,建筑形态形成了非常丰富的效果。现代建筑中表皮的处理(详见第 3.3.8 节)已成为建筑造型关注的重要方面。

1.4.2 建筑中的面

建筑形态构成中的面通常指建筑的界面。

建筑界面作为实体与空间的交接处,一方面是限定空间的围合面,划分不同空间领域;一方面又是空间体量的外部形态的直观表达。房间一般是由地面、顶棚和墙面来限定的,底面、顶面和垂直面是主要的建筑界面。

通常情况下,建筑中的各个面要素之间总是相互联系且延续的,界面统一在建筑形体与空间的整体之中。面的表面特征,如材料、质感、色彩以及虚实关系(实墙面与门窗洞口之间的关系)等因素,成为面设计语汇中的关键要素。

建筑界面具有展现建筑材料的肌理与色彩的特殊功能,不同的肌理与色彩将直接影响整体建筑形象的表情与氛围。

1. 建筑中的平面

平面是建筑形态中最常见的面,根据位置可以分为水平面(包括底面和顶面)和垂直面。

底面、顶面和垂直面除了依靠不同的表面特性传达不同的情感外,还可以借助面的数量、高差、洞口等方面的不同来表现出多变的空间形态(详见第 2.2 节)。

折面方向灵活多变,在建筑形态中的使用能活跃视觉效果(见图 1-48)。

2. 建筑中的曲面

曲面有与生俱来的"舞动"特性,在建筑设计中适当运用一些曲面,会使形态产生强烈的动感而变得充满生机,使人感到优美、兴奋、活跃。曲面的合理采用可创出丰富多彩的空间形态与性格迥异的视觉效果。

曲面可以看作是线运动的轨迹,运动着的线叫母线,母线的形状以及母线运动的形式是形成曲面的条件。母线运动到曲面上的任一位置时,称为曲面的素线,在控制母线运动的条件中,控制母线运动的直线或曲线称为导线,控制母线运动的平面称为导面(见图 1-49)。

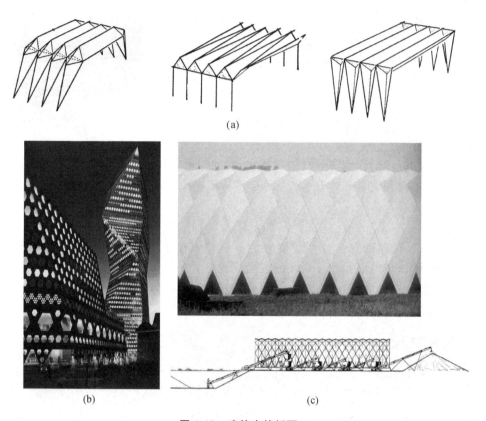

图 1-48　建筑中的折面

(a)几种折面示意图;(b)伊丽莎白大楼;(c)剖面图

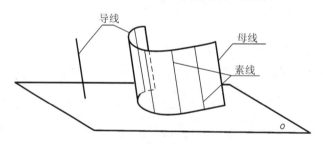

图 1-49　曲面的形成

曲面有不同的分类方法,一般来说可以分为规则曲面和自由曲面。在规则曲面中,可以按照母线的运动方式把曲面分为回转面和非回转面两大类。

1)回转面

母线可以是直线或曲线,因而,回转面有直纹回转面和曲纹回转面之分。

(1)直纹回转面

直纹回转面是由直母线旋转而成的回转面,如圆柱面、圆锥面、单叶回转双曲面等(见图1-50)。

(2)曲纹回转面

曲纹回转面是由曲线旋转而成的回转面,主要有圆球面、圆环面、椭圆旋转面、抛物线旋转面、双曲线旋转面等(见图 1-51)。

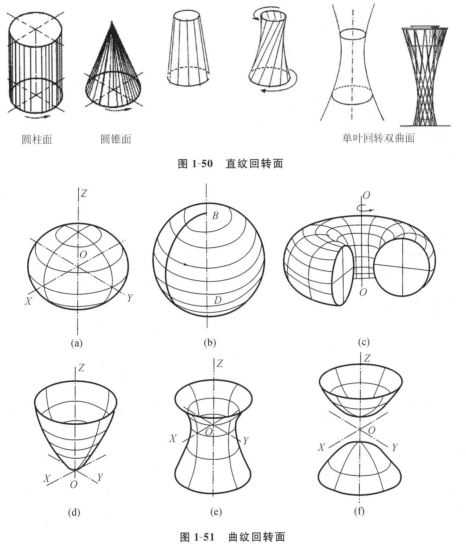

圆柱面   圆锥面   单叶回转双曲面

图 1-50　直纹回转面

(a)　(b)　(c)

(d)　(e)　(f)

图 1-51　曲纹回转面

(a)椭圆旋转面;(b)圆球面;(c)圆环面;(d)抛物线旋转面;(e)单叶双曲面;(f)双叶双曲面

2）非回转面

非回转面是母线按照一定的规律运动形成的曲面,和回转面相比,非回转面运动的规律较为复杂。

(1)有导线导面的直纹曲面

母线是直线,在固定的导线(直线或曲线)上滑动,所形成的曲面叫做有导线的直纹曲面;如果母线在导线上滑动,又始终平行于某一固定的平面或曲面,这样形成的曲面称为有导线导面的直纹曲面。

常见的有柱面、柱状面、锥面、锥状面、螺旋面、双曲抛物面等(见图 1-52～图 1-58)。

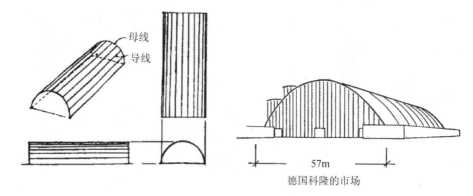

图 1-52 柱面

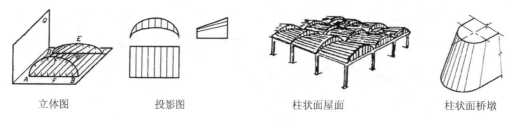

图 1-53 柱状面

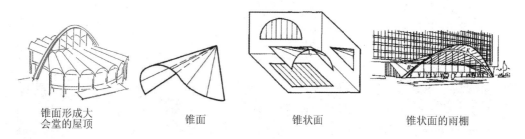

图 1-54 锥面、锥状面

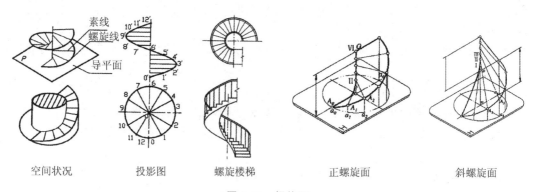

图 1-55 螺旋面

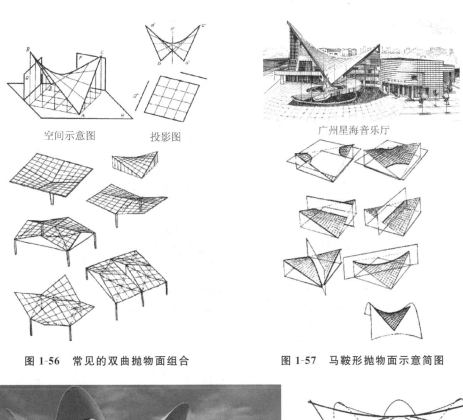

空间示意图　　投影图　　广州星海音乐厅

图 1-56　常见的双曲抛物面组合　　　　图 1-57　马鞍形抛物面示意简图

图 1-58　双曲抛物面

（2）曲线移动形成的曲面

曲母线可沿直线或曲线运动,当其沿曲线运动时,可分为同向弯曲和反向弯曲两种情况(见图 1-59)。

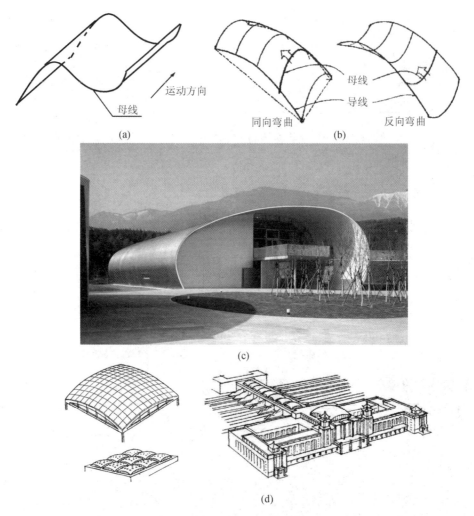

图 1-59　曲线移动形成的曲面

(a)沿直线运动;(b)沿曲线运动;(c)某工业建筑;(d)北京火车站大厅和高架候车室屋盖

3) 自由曲面

自由曲面的形成规律,构成的方向、方式、速度和式样都在改变。

自由曲面尽管很复杂,但因其承袭了自由曲线的内在特点,表现出奔放的性格和丰富的感情,在抽象型雕塑、自然化或非理性化的建筑创作中较为常见。如图 1-60(a)所示,该建筑像一段翻卷的带子,曲线流畅而优美,屋面与墙体浑然一体;图 1-60(b)中,平缓弯曲的曲面从屋面翻卷下来,在近地面处成为座椅,有很好的整体感。

点、线、面作为构成的基本元素,除应用于建筑造型外,在现代设计及艺术创作领域,也已成为视觉传达艺术的重要理论基础与创作手段(见图 1-61~图 1-64)。上海世博会中,众展馆的造型无一不是点、线、面与时代理念的结合。这些示例不是浅层次的"拿来"与"运用",而是追求深层次的文化和精神内涵,兼收并蓄,成为一种新的表达方法。吴冠中先生的绘画作品中,更是利用点、线、面的组合赋予了传统笔墨新的创造,学习、观摩、欣赏这些艺术将给我们的创作提供不尽的启迪。

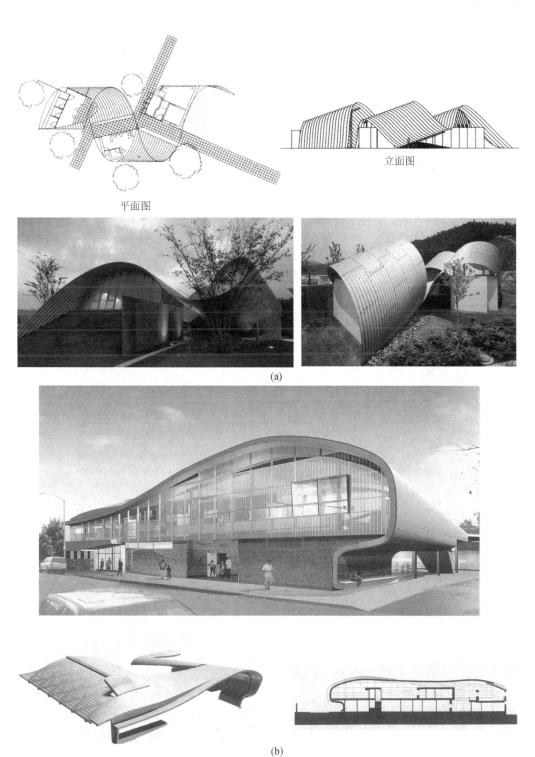

平面图

立面图

(a)

(b)

图 1-60　建筑中的自由曲面

(a)日本 Springtecture H,1998 年;(b)美国,洛杉矶,多彩青春俱乐部

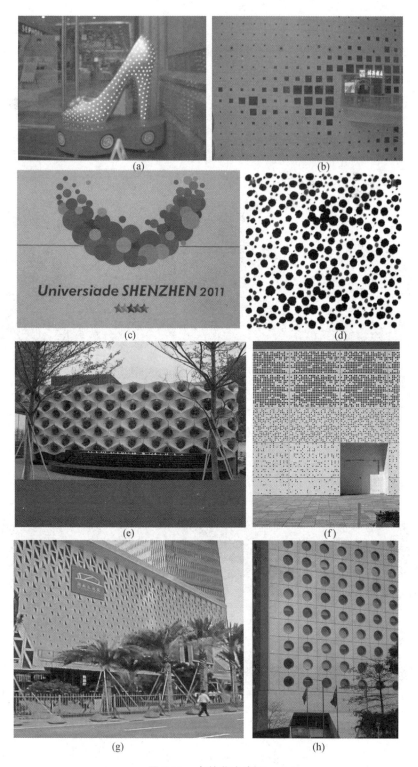

图 1-61 点的艺术表现

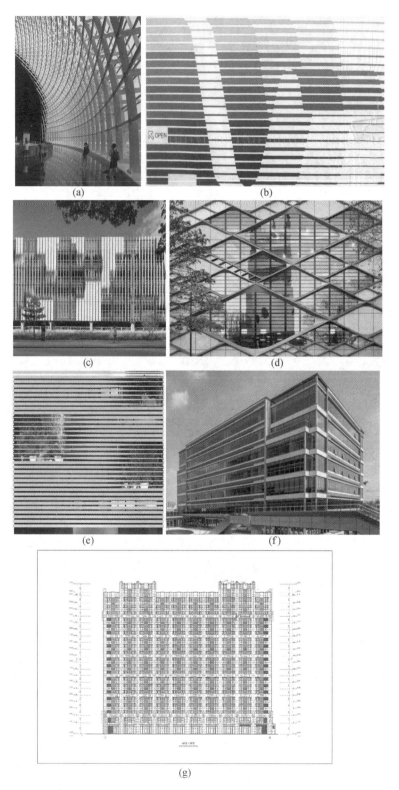

图 1-62　线的艺术表现

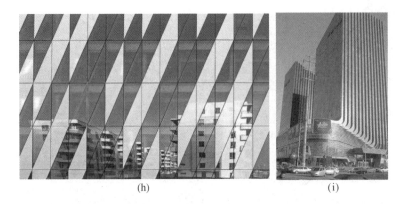

(h)　　　　　　　　　　　(i)

续图 1-62

(a)

(b)　　　　　　　　(c)

(d)　　　　　　　　(e)

图 1-63　面的艺术表现

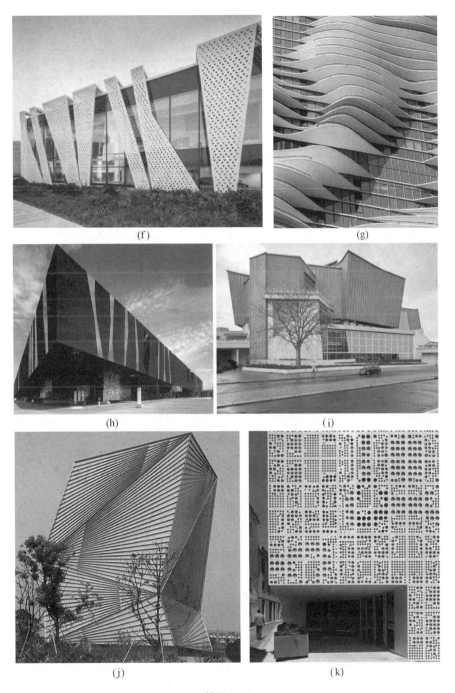

(f)

(g)

(h)

(i)

(j)

(k)

续图 1-63

图 1-64　体的艺术表现

(i)

(j)

(k)

续图 1-64

2 建筑空间形态构成

人类进行营造活动的最初目的就是获得可以利用的空间,历经千百年的发展,在建筑技术和建筑艺术迅速发展的现代社会,建筑类型众多,形态也变化多样,建筑的空间性仍然是建筑最基本、最重要的属性。创造高质量的人为空间环境,使人生活得更舒适方便,是建筑设计者的首要任务。

2.1 空间形态认识

2.1.1 空间的形成

一般认为,空间就是实体以外的部分,它是无形的、不可见的,是和实体相对的概念。《辞海》中解释为"空间是物质存在的一种形式,是物质存在的广延性和伸张性的表现……"在建筑中,使用设立和围合等手法将点、线、面等元素组织起来,就能构成空间。

产生内部空间的同时,会构成形态外部的形体,并对外部空间有一定的影响与限定作用。因此,既要注意实体材料围合的内部空间,又要考虑形体之间的外部空间,空间和实体是建筑空间内涵的两个方面。实体与虚空的关系,建筑本身、建筑群体之间、建筑与城市之间的空间关系等方面都是空间形态研究的对象。

2.1.2 空间的类型

空间有无限空间和有限空间之分,对于宇宙来说,空间是无限的,对人真正有意义的是由实体所限定的有限空间。所以,在论述空间时,要把感知空间的主角——人的因素加进去。可以说,空间是由一个物体同感受它的人之间产生的相互关系所形成的。空间是在可见实体要素限定下形成的不可见的虚体,人主要通过视觉来感知空间,不同的空间会给人以不同的感受。

对空间可以从多个角度进行分类:从形式上,可分为单一空间和复合空间(见图 2-1);从空间限定要素上,可分为点限空间、线限空间和面限空间(见图 2-2);从限定程度上,可分为无限空间(即没有加以限定的空间)和有限空间(即加以限定的空间),其中,有限空间又可分为开敞空间、半开敞空间(又称过渡空间、中介性空间、灰空间)和封闭空间等几种(见图 2-3)。

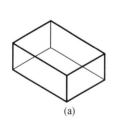 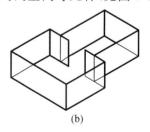

(a)   (b)

图 2-1 形式不同的空间

(a)单一空间;(b)复合空间

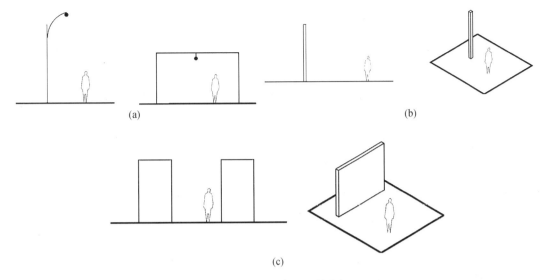

图 2-2　限定要素不同的空间
(a)点限空间;(b)线限空间;(c)面限空间

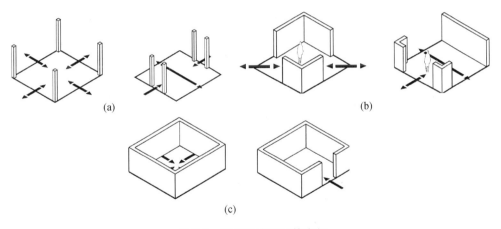

图 2-3　限定程度不同的空间
(a)开敞空间;(b)半开敞空间;(c)封闭空间

2.1.3　建筑空间形态

　　建筑创作是在一定理念的指导下,通过形态构成的方法、规律进行操作,以达到预期的目的。建筑空间的形态是指空间的内部形态和各界面特征,属于视觉感受,建筑形象的美感正是在视觉空间中展开的。

　　空间形态是建筑空间环境的基础,它决定着空间的整体效果。设计者对建筑空间做的各种各样的处理,最后都会归结到各种形式的空间形态中,因此,建筑空间形态构成是建筑创作的一个必不可少的方面。

　　建筑空间形态要素可以感知的方面有空间的方位、大小、形状、轮廓、虚实、凹凸、色彩、肌理和组织联系等方面。

建筑具体的形态构成与不同时代、地域、民族、使用者以及设计者个人等多方面的因素有关,由于这些方面的差异,表现出来的建筑空间形态也变化各异。

建筑的空间形态是受功能要求制约的使用空间和受审美要求制约的视觉空间的综合,虽然在建筑类型、建筑规模、技术条件、造价控制等因素以及创作水平等方面有差异,但建筑创作都要在空间上达到视觉感官上的愉悦和使用上的便利。空间是建筑的主角,空间的创造是体现建筑本质的东西。丰富多样的建筑空间,是建筑创作的重要内容与表现。

2.2 空间构成要素

在第 1 章里介绍过,形态的构成要素可以概括为基本要素、视觉要素和关系要素三个方面,这些要素决定了建筑形态的视觉特征。以下将探讨空间基本形态要素的特性。

2.2.1 基本形态要素

任何复杂的形态都可以分解为点、线、面、体,从形态构成的角度来说,它们之间的划分是相对的,在一定的场合下,它们之间是可以通过一定的方式相互转化的(见图 2-4)。

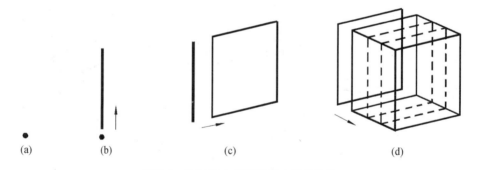

(a)   (b)   (c)   (d)

图 2-4　空间基本形态要素之间的转化

(a)点;(b)点运动成线;(c)线运动成面;(d)面运动成体

空间形态构成和平面形态构成有相似之处,不同的是,空间构成主要研究基本要素在空间中进行组织,以及对空间进行不同形式限定的问题。

点、线、面、体是建筑空间造型的基本构成元素,建筑的整体造型就是这些元素在空间中进行聚合的结果。空间不同于点、线、面、体等平面或实体形态,它有特殊的形成、操作和组织规律。

1. 点

点标出了空间中的一个位置,静态、无方向,是建立空间中心、重点和领域感的方法。点有集中性和控制性,和面、线、体等其他形态要素相比,点对空间的实际占有和限定作用较弱,但由于是空间的中心,容易成为视觉的焦点,所以从人的心理角度来说,点对空间的影响有时是最强的。

柱子、方尖碑或塔等垂直的线要素,在平面上可以看成一个点,因此,它们具有点的视觉特征。

"场"是点得以存在的环境,是点控制和影响的范围,也是点得以显示的必要条件。宽阔的场环境,有利于点个性的表达,在建筑中,点常被作为趣味中心来精心设计。点以其位置、空间、距离、大小等不同因素发挥不同的视觉作用。点的设计效果要考虑点的大小对比及人的视觉感受,以视觉上的恰到好处为准。

两个点对空间进行限定时,在视觉上会产生连接两点的虚线,同时会有一条垂直于虚线的轴线产生。空间中的点要素或柱状要素所形成的若干个点,可以限定一条轴线,位于中轴线上的垂直线可成为吸引人前进的目标,或成为空间中的视觉焦点,或成为轴线的结束端,这是用来组合建筑形式和空间常用的手法(见图2-5)。

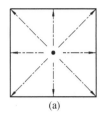 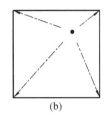 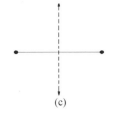 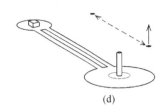

| (a) | (b) | (c) | (d) |

图 2-5　点对空间的限定

(a)点的中心限定;(b)点的非中心限定;(c)两点之间的虚轴;(d)点要素和柱状要素限定的轴线

2. 线

线有方向性和联系性,以其方向和方位在空间形态构成中起作用,垂直线较水平线的限定作用强。建筑形态中,线起到连接分散的点和面的作用,构成建筑空间形态的骨架。

建筑中的柱就是典型的垂直线,垂直线起控制作用的关键是它的高度,若其高度与它的粗细相差不是十分显著,就会具有点要素的特征。垂直线可以限定一个明确的空间形状,不同数量的垂直线限定的效果不同。

水平线可以从高度上限定空间,和垂直线结合能够改变空间的划分。

与垂直线或水平线相比,轴线实际上并不存在,它是人的心理感受到的线,也可以称为虚线。在建筑形态设计中,轴线对各要素起到规范和限定作用,使建筑整体或群体的关系达到相互协调、统一的效果(详见第3.1.1节)。

不同形态和方向的线限定不同的空间,使人产生不同的心理感受。垂直线和水平线分别表示地心力的吸引和一个支撑的平面,两者结合在一起象征着直立在地平面上的体验和绝对平衡,有令人满足的感觉。斜线在方向上产生强烈的刺激,而曲线则表现出更强的节奏特征,能够进一步增强张力和能量的感受。

图2-6(a)中,由于视觉张力的存在,两根垂直线相互吸引,形成心理上的虚面,暗示了一根穿过虚面的轴线,产生对称性,有引导作用,成为序列的入口;图2-6(b)中,三根以上的垂直线能够限定空间容积的转角,建立视觉空间框架,构成通透的空间,但边界感很弱。改变线的位置和高度,可以调整空间的形状、比例和尺度感;图2-6(c)中,面感较强,可以限定一个由虚面构成的通透空间;图2-6(d)中,纵向和横向的垂直线的排列,有助于表达大空间的尺度感,可在大空间内划分出不同的空间地带。图2-7为水平线对空间的限定示例。

3. 面

从形态构成的角度来说,面可以是三维的,当物体较薄时就可以将其看成面。在建筑形态中,面可以是物体的外表,如墙面、屋面、地面等,也可以是扁的、片状的物体。和点、线相比,面有较大的面积和复杂的形象。

面是片状的形体,是构成形体空间的基本要素,有形状、色彩、大小、高低、质感、方向、位置等属性。面的这些属性和其数量、组合方式的差异,可以构成不同形态的内部和外部空间。在建筑中,顶面、底面和垂直面的不同处理,可以限定不同形式、不同开敞程度和不同感觉的空间。

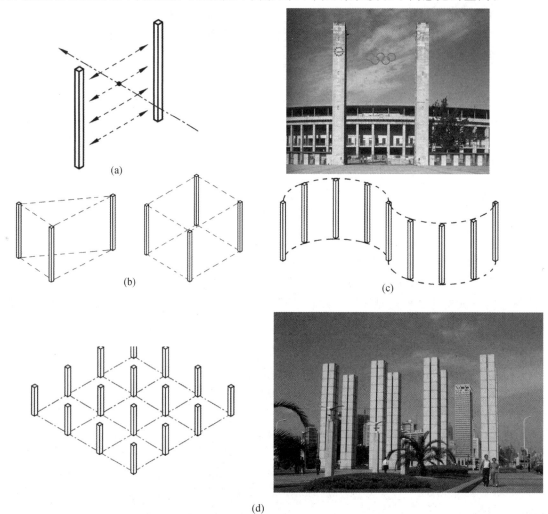

图 2-6　不同数量的垂直线限定

(a)虚面限定;(b)角限定;(c)多根垂直线排列;(d)双向垂直线排列

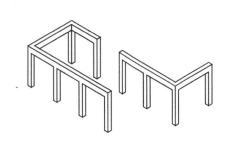

瑞士某酒店室内　　　　法国某办公楼

图 2-7　水平线对空间的限定

1）水平面

底界面除了地板、楼板面外，还包括台阶、架空层、引道、水平构架等。抬高或降低地面可增强限定感，限定感的强弱、视觉的连续程度与基面的高度变化有关。

顶面是主要空间限定要素，可限定它本身和地面之间的空间范围，并从视觉上组织顶面以下的空间形式，由于这个范围的外边缘是由顶面的外边缘所规定的，所以其空间的形式是由顶面的形状、尺寸和地面以上的高度所决定的，顶面的变化是空间视觉和心理感受的重要影响因素（见图 2-8、图 2-9）。

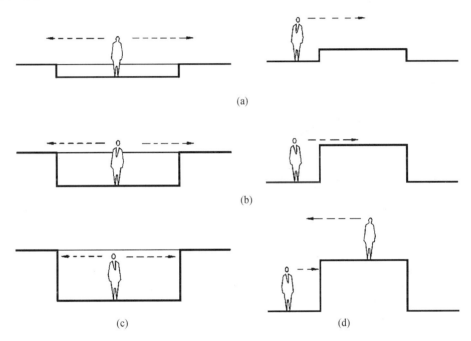

图 2-8　不同高度的基面

(a)低于膝；(b)低于肩；(c)基面下沉；(d)基面抬起

2）垂直面

垂直面在视觉上比水平面更活跃，是限定空间并给人以围合感的重要手段。它自身的造型和面上的开口控制着建筑物室内外空间之间的连续性，也是构成体量的重要元素。传统建筑中垂直面围合的空间大多是简单而规整的，现代建筑追求空间的流动与多变，利用垂直面创造出丰富的空间效果。

图 2-10(a)中，桥端竖起的两个面中有一窄缝；图 2-10(b)中，三组中间有缝隙的弧形墙呈圆形排列，有很好的标志性；图 2-10(c)中，食品博览会会场，21 个内侧为垂直面的墙圆形排列，外形酷似一个巨大的布丁，很好地呼应了博览会主题。

（1）独立垂直面

对其两个表面所朝向的空间既分割又控制，不能完全限定空间，且限定效果与人的视线高度有关（见图 2-11）。

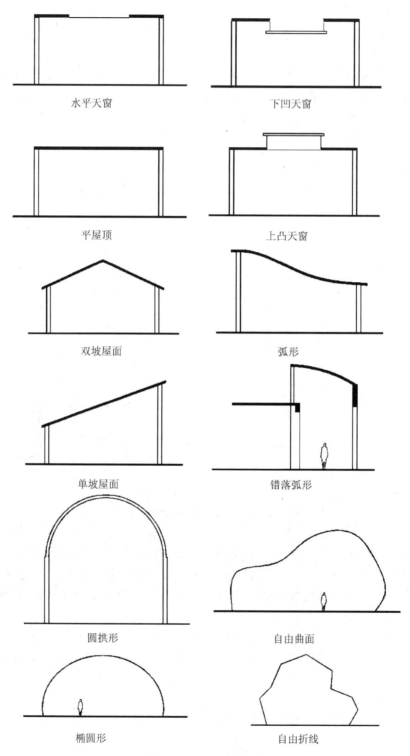

水平天窗　　　　　　　　下凹天窗

平屋顶　　　　　　　　　上凸天窗

双坡屋面　　　　　　　　弧形

单坡屋面　　　　　　　　错落弧形

圆拱形　　　　　　　　　自由曲面

椭圆形　　　　　　　　　自由折线

图 2-9　不同形式的顶面

图 2-10 垂直面空间示例

(a)纪念桥(克罗地亚,2001 年);(b)某城市雕塑;(c)世博会饮食展示会场

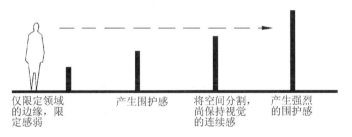

仅限定领域的边缘,限定感弱 产生围护感 将空间分割,尚保持视觉的连续感 产生强烈的围护感

图 2-11 独立垂直面

（2）平行垂直面

构成外向性空间,有明显的对称轴线,开放端产生强烈的方向感,在垂直面上开洞引入次要轴线,可调整空间的方位特征(见图 2-12)。

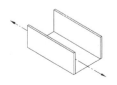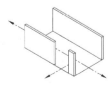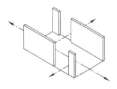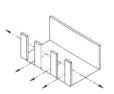

图 2-12 平行垂直面

（3）L形垂直面

由转角限定一个沿对角线向外的空间范围,内角处是内向性,开敞处呈模糊性和发散性,其自身或与其他形式要素结合,可构成有变化的空间(见图2-13)。

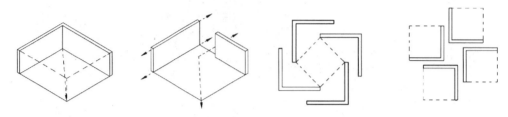

图2-13　L形垂直面

（4）U形垂直面

空间内含一个内向的焦点,开敞处呈外向性,转角处开口则使该空间呈现多向性并具有动感。

图2-14(a)中,空间的侧边长于底边,会产生运动感并对运动有导向性作用;图2-14(b)中,空间的侧边与底边相等或近似,该空间是静止的;图2-14(c)中,空间的底边长于侧边,很容易被分为几个相交融的静态空间。

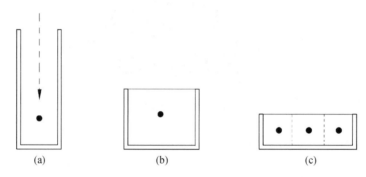

图2-14　U形垂直面

（5）四个垂直面

四个垂直面构成完整的内向封闭空间,是典型的建筑空间形式,垂直面上不同位置的开口可增强空间的对外联系(见图2-15)。

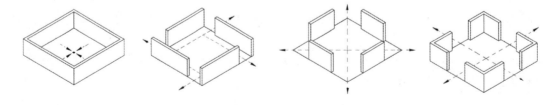

图2-15　四个垂直面

建筑的屋面、底面的高低起伏和墙面的曲直开合,都影响着建筑空间的形态和性质。近些年,规则曲面和不规则曲面在建筑中的应用,构成了千奇百怪、变幻莫测的空间,带来了新的空间感受。

传统建筑多注重体量的表现,将面隐藏在体量之中,现代建筑把各面之间的相互关系所构成空间的视觉质量放在重要的地位,在建筑形态构成中,面的搭接、穿插、叠加、对位等不同组合方法,都有不同的表达意义。面组合的建筑形态一反过去的体积沉重感,而具有明显的轻巧感(见图 2-16)。

图 2-16 墨西哥城 F2 House

随着技术水平的提高,规则或不规则的曲面越来越多地出现在建筑形态中,限定出变幻多样的空间形态(详见第 1.4.2 节)。

4.体

1)体的性质

与点、线、面相比,体有充实的体量感和重量感,是在三维空间中实际占有的形体的表达。体有长、宽、高三个方向的量度,有实体(体量)和虚体(空间)之分。

形态要素按照一定关系构成建筑空间的同时,还构成外部表现的实体,虚体(空间)由实体围合而成。建筑的形体是内部空间的外在反映,是空间构成的结果,形体与空间是共生的,是密不可分的,构成的基本规律和手法有很多相同之处。

体有尺度、比例、量感、凹凸和虚实感等几方面的特点,体的造型具有显示建筑的整体轮廓和气势的作用。体可分为几何体和自由体。几何体具有简洁、纯粹、雄壮的美感,它给人一目了然的、肯定的力量。自由体形式多变、种类繁多。

2)体的作用

体积感是体表达的根本特征,是实力和存在的标志。建筑形态设计经常利用体积感表现雄伟、庄严、稳重的气氛。古代庙宇和宫殿总是用巨大的体量表示神和君王的威慑力,也常表示对人力、自然力的歌颂和对英雄或丰功伟绩的纪念,唤起人重视、敬仰的感情。

3)体的视觉效果

人对建筑形态的要求是丰富多变的,一味强调体积感并不是唯一的目的。有时需要伟大崇高,有时需要弱小平凡、轻松、亲切,不适当地表现体量会造成笨重、压迫等不舒服的感觉。尺度是决定体量的根本因素,比例和形体影响体量的表达,形体表面不同的肌理、色彩等会引起不同的体量感联想。在形体表面开洞会增加活泼感,扩大窗洞、暴露内部空间是有效地减轻体量感的方法。

不同空间方位变化的体,传达着不同的视觉语言,垂直与水平、正与斜等都直接影响整体形态的表达。棱柱直立和放平后给人的感觉完全不同,放置角度不同也会使感觉不同。棱锥、圆锥、半球的正置与倒置会产生截然相反的表达效果。

4）体的类型

建筑形态的基本形式是规则的几何体。建筑中常用的基本形体有棱柱、棱锥、圆锥、圆球、圆柱、圆环等。建筑形态可以由一种简单的几何形体构成，也可以由几种体组合而成。

从形式上分，体有规则的几何体和不规则的自由体，不同的形体会有不同的视觉效果和空间感受。几何体是构成建筑形态的基础，几何形准确、规范、容易实施，常被建筑师直接采用，复杂的建筑形体多是由基本几何体变化而来的。

（1）立方体与长方体

方形是规则几何体的典范，垂直的转角决定其严整、规则、肯定的性格和便于实施及使用的特点。立方体是一种静止的形式，体积感明确，有平易、坚定之感，但缺乏明显的运动感和方向性。

方形的长、宽、高比例可变性强，是建筑空间中最常见的形式。不同形状的空间有不同的造型特色，从而产生不同的空间感受。长方体空间有明显的方向性，正方体空间各方向均衡，具有庄重、严谨的静态感。水平长方体给人以舒展感，而垂直长方体则表现出强烈的上升感（见图 2-17）。

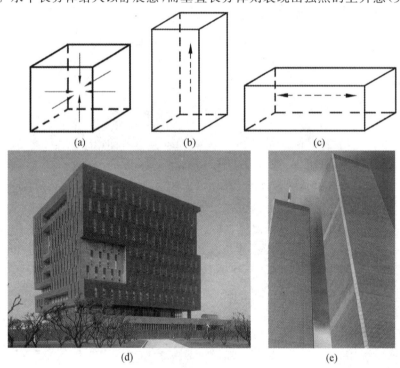

图 2-17　正方体与长方体

（a）正方体；（b）垂直长方体；（c）水平长方体；（d）浙江大学图书馆(2002 年)；（e）美国纽约世界贸易中心

（2）棱锥与棱台

棱锥有一个底面和一个顶点，是非常稳定的形态。倒立的四棱锥处于不稳定的状态，视觉感受截然不同。棱锥形空间有强烈的上升感。

四棱锥在视觉上以三角形作为建筑主题，其代表作是埃及金字塔。四棱锥与球体一样具有极强的完美性，贝聿铭在罗浮宫美术馆的庭院中采用了玻璃的四棱锥，与周围的法国文艺复兴和巴洛克形式的建筑群形成对比。

　　棱台是棱锥的下半部分,正置时有很强的稳定感(见图 2-18)。顶面与底面都是水平面的棱台倒置时,并不失视觉上的稳定感和平衡感。

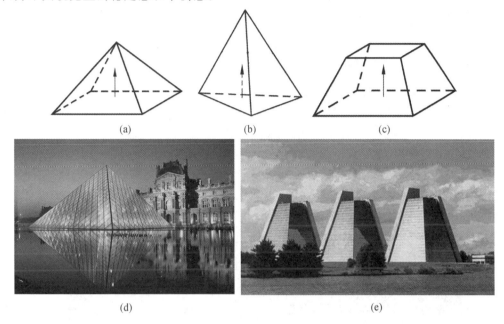

图 2-18　棱锥与棱台
(a)四棱锥;(b)三棱锥;(c)棱台;(d)法国巴黎罗浮宫扩建工程;(e)美国学院生命保险公司总部

(3)圆锥与圆台

　　圆锥的表达形式比较柔和,以其简洁的几何形体,创造出独特的造型效果。当它的顶点向下直立时,呈现出不稳定的状态。

　　和棱台相似,倒置的圆台在底面和顶面是水平面时,仍处于较稳定的状态(见图 2-19)。

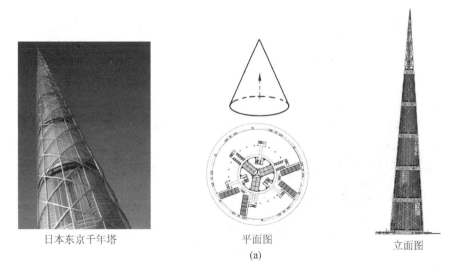

日本东京千年塔　　平面图　　立面图
(a)

图 2-19　圆锥与圆台
(a)高圆锥;(b)低圆锥;(c)倒圆台

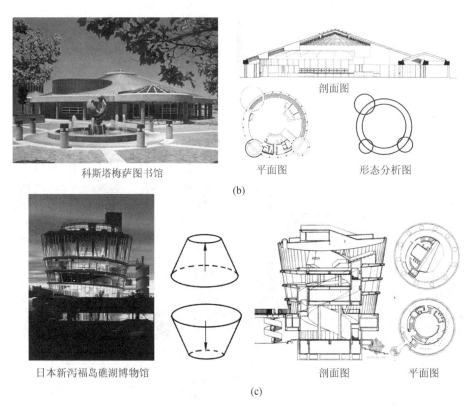

科斯塔梅萨图书馆

剖面图

平面图　　形态分析图

(b)

日本新泻福岛礁湖博物馆

剖面图　　平面图

(c)

续图 2-19

（4）环形和弧形

环形和弧形转折均匀,能表现连贯和柔和的动感,环形和弧形空间具有明显的指向性和流动感
（见图 2-20）。

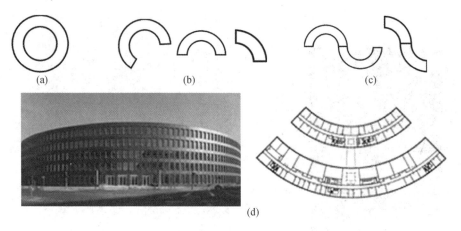

(a)　　　　　(b)　　　　　(c)

(d)

图 2-20　环形与弧形

(a)环形;(b)不同的弧形;(c)弧形的组合;(d)双圆环;(e)单圆环

(e)

续图 2-20

（5）圆柱与圆拱

圆柱体造型简明而清晰，是建筑中比较常用的一种形体。圆柱形建筑给人一种简洁美，容易被人识别，若处理得法，易成为充满雕塑感的标志性建筑。垂直放置的圆柱形空间有向心性和积聚感，水平放置的半圆柱形成拱形空间，有沿轴线聚集的内向性（见图 2-21）。

圆柱体的轴线垂直于底面时是稳定的形式，当中轴从垂直状态倾斜时，则会处于不稳定状态。

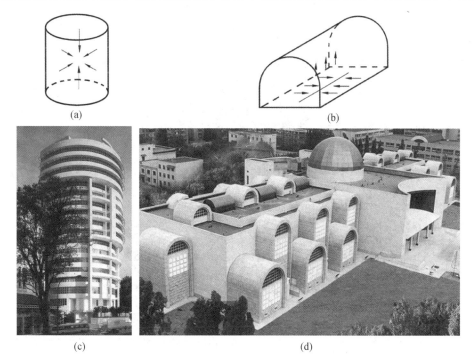

图 2-21 圆柱与圆拱

(a)圆柱；(b)圆拱；(c)新加坡卡姆登媒体中心；(d)新疆某宾馆

（6）圆球与椭圆球

在所有形体中，圆球体是最简洁的，表现出基本几何形体的坦率和纯粹。圆球体是具有向心性和高度集中性的形体，像它的原生形式——圆一样，通常呈稳定状态，在所处的环境中可产生中心感。

圆球体造型易令人产生崇敬、敬仰的心理感受，常用于科技馆、天象馆、宗教建筑等建筑类型。采用整个球体作为建筑造型时，技术上有一定难度，所以在建筑中常见半球体、四分之一球体或部分球体的应用。对球体的分割应遵循圆形固有的属性,发挥其几何形的特性并确保其意义。

圆球体经过变形能够形成各种椭圆球体,浑圆、饱满、整体性强,视觉效果与圆球体有一定相似性。椭圆球体有长短轴之分,因此,其室内空间效果更佳,比圆球体有更广泛的适应性与灵活性(见图 2-22)。

(a)   (b)   (c)

图 2-22 圆球

(a)圆球;(b)半圆球;(c)日本藤泽市湘南台文化会馆

(7) 自由体

自由体是由无规律的自由曲面围合而成的,一般没有平衡感,比规则体更富有动感,常为现代一些建筑流派所选用,以制造出一种特殊的意境(见图 2-23)。

图 2-23 明尼苏达大学艺术博物馆(F. 盖里)

2.2.2 构成美学与构图原理

什么是美?这个问题自古以来就被无数的哲学家所研究,但研究的对象总离不开人类的各种审美意识和审美实践活动。这包含了古今中外一切美的东西和道理,但又不是一一考察它们,而是从宏观角度、哲学角度加以研究,从中总结出带有普遍性、规律性的东西,这也包括了人类各种审美活动,包括艺术审美活动,研究人们在这众多的活动中如何按照美的规律去创造美、欣赏美。

到了近代,美学的研究对象随着人类物质文明和精神文明领域的扩大而扩大,逐步构成了一系列不同的美学研究对象,如文艺美学、戏剧美学、技术美学、建筑美学。构成的美学是指从设计创造角度研讨形式美的原理,从广义的设计角度,构成的美学成为研究"美的要素"的基础。

设计必须要有美感,也就是说设计要具有审美性,依据现代工业化产品的要求,结合艺术或美学知识与技能,形成了一门边缘科学——设计美学,而构成美学则是其重要的组成部分。

设计的基本条件,除审美性以外,如前所述,还有适用性、经济性和独创性。设计美学表明,离开了适用性、经济性,也就离开了它赖以生存的基础。如何理解设计中的美?它指的是什么、意味着什么?就某项设计而言,我们怎样判定其是否具有美的价值,或是有多高的美的价值呢?作为美的规范和美的尺度,虽然没有与测量长度、重量的计量器一样的"美的等级刻度",但凡是价值都不能脱离人类社会而存在,凡是价值都外在于人而客观存在。美反映在鉴赏的对象,它能成为一种能够引起爱慕和喜悦感情的观赏对象,"美在形象"或"美寓于形象之中"。因此,决定美的价值或影响美的价值的"形式要素"和"感觉要素"就成为研究形态构成美的基本内容,所谓形式要素即根据对象的目的、意义等内容能分开运用的"形态"和"色彩",若从生理学和心理学的角度看,则又可以将这些叫作"感觉要素"。通常,形式要素可以说是构成形象的条件,感觉要素是指形象之间的关系与形式美的规律。

在现代设计、艺术创作领域以及现代建筑的创作中,点、线、面作为造型构成的基本元素,已成为视觉艺术的重要理论基础。从狭义的标志、标徽、图形设计、广告扩展到一切工业产品的创作与设计,可以说无一不是点、线、面与时代理念的结合,不是浅层次的"拿来"与"运用",而是追求深层次的文化和精神内涵,兼收并蓄,相互融合,促进成为一种新的表达方法。

建筑创作要满足不同规模、不同类型、不同环境的基本要求,即功能的复杂性、技术的合理性以及审美的多样性。现代建筑的艺术创造有赖于建筑形态的创造——点、线、面、体的构成美学与形式美的理论与规律。二维(平面)构成形式美的方法有排列、聚散、疏密、渐变、叠加、变异等,三维(立体式空间)构成形式美的方法有切割、穿插、旋转、撕裂等(详见第3章解构篇)。进行建筑造型的创作时,应结合构图原理中的各要素,先立意构思,再进行选择、融合、创新。结合现代建筑的创作实践,构成手法在造型、空间的创造中不断发挥着无尽的魅力。

1. 多样统一

多样性的点、线、面、体诸要素构成了多彩而复杂的建筑造型(见图2-24、彩图2),形成了现代建筑众多的流派与风格,按照形式美的规律或构图原理进行的各种手法,多数可归结为首位的就是多样统一。也可以说,任何艺术形象的作品把多样统一视为评判的首要条件。

多样统一又称为变化中的统一、统一中的变化,如果只有统一,就会显得单调,只有变化又往往很杂乱。在推敲和判别形态的多样统一的要求时,可参照以下四点。

(1)在进行形态组合时要处理好局部与整体的关系,如形态的单纯化和秩序感。

(2)形式美要素的采用、建构应在创作构思的统领下选择、融合,才能避免杂乱无章。

(3)弥合、调整各要素之间的主次、陪衬、削弱或加强关系。

(4)一种新风格、流派的形成,有异于旧风格的特征与表达,也必然在探索新的构成与方法,并在构成语言、结构规则、审美规范与美的价值方面有所突破。

2. 简化与秩序

从视知觉原理出发,人们会把看到的形象以尽量多样和复杂的形式组织在一个简明统一的结构之中,即趋于通常习惯理解的各种几何形态(见图2-25、图3-103)。这一简化的视知觉原理将帮助人们认识复杂多变的造型组合,并获得一定的秩序感。

(a)

(b)

(c)

图 2-24　多样统一

(a)苏州博物馆；(b)香港城市大学多媒体中心；(c)国家图书馆(北京)

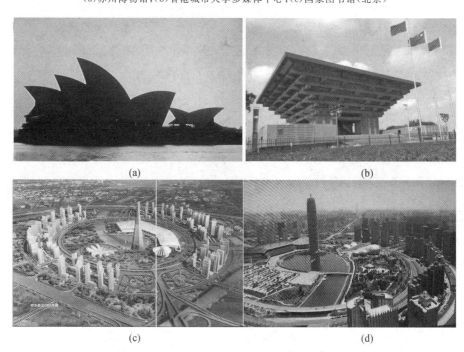

(a)

(b)

(c)

(d)

图 2-25　简化与秩序

(a)悉尼歌剧院；(b)世博会中国馆(上海)；(c)郑东新区(规划图)；(d)郑东新区(鸟瞰图)

　　秩序就是指变化中统一的因素,即部分与整体的内在关系,部分依存于整体,就是要求部分和整体之间有着某种关系。这种关系是指部分左右着整体的性格和价值,还是整体支配着部分的任务和价值呢? 一般地说,后者较贴切。任何部分都或多或少地会发生改变,也就是部分必然要给整体带来影响。如果明显地离开一些关键性或价值较高的部分,那么整体也失去了存在价值。因此,整体的意思就是统一体,在这样的统一体中,部分和部分应具有某种关系(或规律)而被组织在一起。声音没有秩序不称其为语言,文字因秩序不同而表达不同的意思。秩序是自然生成并存在于大至宇宙,小到生物或原子、质子世界中的。造型的范畴同样要求所给予的某些要素有着某种秩序,因此,造型的美是以秩序为前提而产生的。造型因被赋予秩序而获得创造,也因无秩序而遭破坏。在某种意义上,美就是有秩序,丑就是无秩序。

　　在艺术创作、建筑造型活动中,把凭直觉感受唤起的秩序与从视觉感官所感知的接近、相似、方向等原理相结合,而使其得到理性的发展,以谋求造型要素的统一性。

　　因此,秩序又是建立形象与形象之间关系的方法。秩序是建立统一的前提。给建筑造型带来秩序的美的规律有形状与轮廓、主次与重点、对称与均衡、节奏与韵律、对比与协调等。

　　(1)形状与轮廓(见图 2-26)

(a)　　　　　　　　　　　　　　　　　(b)

(c)

图 2-26　形状与轮廓

(a)徐家汇商贸区;(b)高楼剪影(上海);(c)浦东天际线(上海)

建筑形态给予人们最初、最基本的印象,"从一座建筑物为有一个三度空间的体量上去考虑,从它所形成的总体轮廓去考虑"❶,如通常所说的形象的"剪影"概念,中国传统古典建筑的"大屋顶",早期现代建筑的"方匣子"等称谓。可以说这就是形状的概念。当我们站在河、海岸边遥望对岸高低起伏的建筑轮廓线(又称天际线)时,这座城市的鲜明印象已刻在脑海之中。

形状是最基本的要素,形状反映对象的特征,是人认识和区别对象的主要依据。在设计中,色彩、质感、尺度等常常作为辅助手段,使这一基本特征得到加强。

由于建筑是需要大规模实施的工程物,所以常见的空间在二维上呈现为规整的几何形,如方形、圆形、三角形是具有典型特征的基本几何形态,其他的形状都是从这些基本形态衍生出来的。

几何体经历现代建筑初期的充分发展而带来的审美疲劳,使人对空间形状的追求和探索出现了多元化趋势,在几何形的基础上进行变异、加工、重组,构成了丰富的建筑空间形式。

(2)主次与重点(见图 2-27、彩图 5、图 3-68、图 3-275)

(a)　　　　　　　　　　　　　(b)

(c)　　　　　　　　　　　　　(d)

图 2-27　主次与重点

(a)民族文化宫(北京);(b)议会大厦(巴西);(c)孔子研究院(曲阜);(d)漯河体育馆

在构成设计中,为吸引观众的注意力并给予其视觉上的激励与满足,主次与重点是吸引视觉的一个重要方法。

所谓重点是指形式构成中被突出表现的部分或要素。重点处理在画面上有时虽然不只一处,但中心过多必然引起涣散。即"每一部分的加强就等于没有加强"。重点与主从是两个概念,因为在造型中起支配作用的要素不一定靠量的多少来决定,而是靠它引起的视觉强度来统率全局,主宰其他因素。

---

❶　梁思成.建筑和建筑的艺术[N].人民日报,1961-7-26(7).

重点的形成条件如下。

①依靠其位置的优势来达到支配的作用,如分离或聚焦的现象,即某一个单位脱离密度的部分,或是众多单位指向某一个要素,注意力便自然集中于后者而形成重点。发射是一个完美的例子。

②通过形体的大小、量、色、质、方向等的对比形成重点。如在众多的垂直元素构件中,若干的水平元素打破这一模式而形成重点。相反地,在众多不规则的随意形态中插入一种规整的几何形态,也能形成重点。

无论选择哪种构成条件,都必须有经营的重点,这样才能产生"趣味中心",而使造型富于生气。因此,当我们评价一座建筑或群体组合重点不突出时,并非指它的主从关系处理不当,而是指主要形体在空间或构图中没有居于"关键"位置。

（3）对称与均衡（见图 2-28）

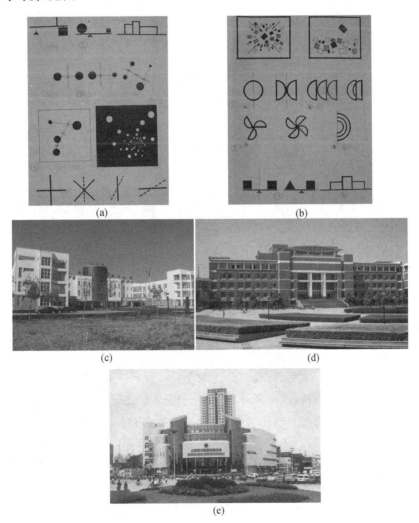

(a)　　　　　　　　　　　　(b)

(c)　　　　　　　　　　　　(d)

(e)

图 2-28　对称与均衡

均衡、平衡可以说是同义语。这是从视觉角度所指的一种力的感觉状态,而不是从力学平衡角度说的。取得均衡的手段有两种:一是对称平衡,二是非对称平衡。

对称的形式可分为以下四种。

①线对称或完全对称。

线对称是以对称轴为中心,左右、上下或倾斜两侧的形象相同或近似,即相邻的形体用对折的方法可以重叠,所以称作线对称。线对称在建筑、图案以及日常用具的造型中随处可见,中国古典传统建筑布局采用此种形式尤为普遍。

②移动对称。

图形按一定的规则平行移动所得到的形状,叫作移动对称。

③放射对称。

将在原点上的图形按一定角度旋转,成为放射的图形,即从中心点向四方平均运动的平衡,故又称回转对称。此外,图形移动到180°的时候,形成彼此相逆的图形,叫作逆对称。

④扩大对称。

把图形按一定比例放大 ,叫作扩大对称。

对称是一种传统的、强有力的、既古老而又普遍的构图形式,是一种较易取得端庄、严肃的秩序感的布置方式,适合于产生安定、静止、庄重的气氛与效果。对称是均衡的完美形态,但另一方面,它具有保守、处理手法拘谨、缺少变化的短处。

再来着非对称均衡。从力学平衡的含义来讲,我国的秤的计量所达到的均衡,即是一种非对称的平衡,而作为图形而言(或者包括某种重量的主体在内),如上所述,主要是发生在视觉方面的均衡问题。

图形的布置或不同形态的配置所达到的平衡往往较活泼,具有动的稳定感并富于变化,个性较强,通过点或线的相互位置、大小变化得到对称、均衡的视觉关系。对方向性相异的线组合产生了不同的特性:(a)两条斜线的力动关系由于对称而减弱甚至消失,产生了中和、安定之感;(b)安定的直线因添加斜线而造成不安定;(c)具有稳定感的水平线因斜线而导致破坏。

为了取得非对称的均衡,可采取以下方法。(a)移动形体的位置,使比重随之变化。(b)调整形体的大小、图与底的色彩对比,使空间强弱关系发生变化。

从相互关系来观察并调整形体的位置、大小、色彩等,可获得预想的平衡,可通过各种组合方法,把画面的空白部分变化得更丰富和生动。

此外,凡是图形数量在三个以上的,或部分之间存在某种关系时,都能产生均衡问题,例如在一定长方形内部配置直径各不相同的四个圆,应使其处于安定状态。配置应具有良好的均衡感,配置的结果可有千百种,被认为在视觉上达到均衡的图形,其重心和长方形的几何重心虽不一定重合,但往往非常接近。

为了寻求动感,在画面或造型中故意产生不安定,常做出破坏之举,这种失去平衡的状态称作不平衡。

3. 构图原理

(1)比例与尺度(见图2-29)

成比例的目的是在各要素中建立秩序感与和谐感。比例是指值的相对关系,而比值是指两个

图 2-29　比例与尺度

相似事物的数量比。任何一个比例系统中都包含着一个有特征的比值。一个比例系统能够在建筑物的局部之间以及局部与整体之间建立起一套具有连贯性的视觉关系,虽然这些关系不是显而易见的,但通过反复的视觉体验,这些关系所产生的视觉秩序会被感知和接受,比例系统可以使建筑形态中的众多要素具有视觉的统一性,能够使空间序列具有秩序感,加强其连续性。

空间的比例指空间各构成要素之间、要素与整体之间在量度上的关系。不同比例的空间给人的感受不同,高耸的空间有向上的动势,产生崇高和雄伟感,纵长而狭窄的空间有向前的动势,产生深远和前进感,宽敞而低矮的空间有水平延伸的趋势,产生开阔和通畅感。

良好的比例不是孤立存在的,应与材料的性质及特定的结构形式相适应,所有材料都应有合理的比例,木柱、石柱、钢柱的比例不一样,因此木构架、砖结构、混凝土框架结构、钢结构等不同结构建筑的比例有明显的差别。

比例还与具体的环境、特定的时代观念有关,如赖特的草原住宅采用水平舒展的比例,表达建筑与大地的亲和力,哥特式教学的高耸比便强调了对天空的向往。随着社会不断发展,人们对比例的审美出现多元化和自由化,刻意套用某些现成的模式不可避免地会使建筑形态教条化和僵化,应该在设计实践中积极探索,创造出有个性的、优美的建筑形态。

尺度是关于量的概念,它涉及空间给人的视觉感受是否符合其实际尺寸的问题。尺度处理是表达一定空间效果的重要手段,但对于尺度来说,人的感知是大致相同的,比例探讨的是建筑构成要素之间的尺寸关系,而尺度则是建筑物与人之间的相对关系,建筑各要素间的关系以及它们与人之间的关系,决定着该建筑物的尺度是否适宜。

不同的尺度表达会形成不同的美感,如宏大雄伟、朴实亲切、精致细腻等。大尺度虽然具有威慑力,但也可表现出宏伟感,能唤起人的敬仰之情。舒适宜人的尺度有亲切感。细小的尺度可表达出建筑微观的内容,有具体、详尽的精致感。

在空间的三个量度中,与长度和宽度相比,高度对空间的尺度感影响最大,空间的绝对高度指空间的实际高度,相对高度指人所感受到的空间高度。

建筑空间构成要考虑人体尺度和整体尺度之间的联系,两者之间的不同处理会产生不同的空间效果,具有纪念性的、大尺度的空间会使人感到渺小,尺度亲切的空间会使人感到放松、舒适。

建筑形态各个组成部分存在量度的差异,尺度感不同,因此要进行尺度分级,建筑中整体、局部和细部的结构组织分别是大、中、小不同级别的尺度,都有特定的表达内容。等级分明的尺度设计,使人在趋近建筑的过程中,从远至近的视野里都有可以观赏的内容,有利于表达丰富感和层次感,明确的尺度级差给人以等级分明的秩序感,是尺度组织有序的保证。

(2)韵律与节奏(见图 2-30、彩图 1、彩图 3、彩图 6、彩图 9、彩图 13)

韵律与节奏是既有区别又有联系的一种表现方式,节奏是有规律的重复。在宇宙中,自然现象的节奏的表现方式包括寒暑昼夜的来往、新陈代谢、风波起伏、山川交错等。节奏是使各形式要素间具有单纯、明确的联系,它使形式富于一定的秩序、特定的组合与排列,而韵律是有规律的抑扬顿挫,使形式富于律动的变化,节奏是韵律形式的纯化,韵律是节奏形式的深化,艺术反照自然,节奏成为一切艺术的灵魂,采用递增方式构成的韵律在造型活动中,其主要作用是使形式产生情趣、抒情性以及力动感。

节奏的基本特征有如下三点。

①形式在节奏中的线性运动,显示它具有单一性。

②形式在节奏中的交互渗透、反复显现,使其具有重复性。

③形式在节奏中跳跃、回旋,使其具有对应性。

因此,节奏的三个基本特征,既包含形式之间的"同"也有"异",即在异同方面具有统一性,在同中见异,在异中见同,从而达到形式的和谐一致、错落协调。

单体建筑中的柱、门窗、阳台等构件的重复出现是极明显的基本形重复,这种重复在设计构成中是最简易的方法。

韵律、旋律、和声是音乐的三大要素。在视觉设计上,不像音乐中的韵律表示强烈的时间性,依据视线的移动以及运动感表现出的韵律,在建筑中能够通过连续的不同空间的转换来组织空间的节奏,所以有人把建筑比作凝固的音乐。以音乐比喻建筑,说明了这种时间节奏的可扩散性,节奏

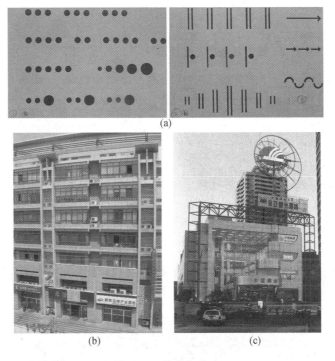

(a)

(b)　　　　　　　　(c)

图 2-30　韵律与节奏

(d)

续图 2-30

成为显示时空持续的象征,它以一种直观的方式表现了某种特有的"力"。

　　近似与渐变是"重复"经由轻度的变异向重度过渡而产生节奏感的一种方法。近似和渐变都是逐渐的、有规律的、顺序的变动,只是两者之间有程度上的差别。在大自然中,近似的情形极多,树的每一片叶子,森林的每一棵树,沙滩的每一颗沙粒,海洋的每一个波浪都是生动的近似例子。渐变则是一种日常的视觉经验,如近大远小的感觉,连续的近似所构成的形式产生了渐变,也可以说,它是近似形象的有秩序的排列。这是一种通过类同要素的微差关系来求得形式统一的手段,因此,在一些对立两极的要素中,只要它们之间采用渐变的手段加以过渡,两极的对立就会较容易地转化为统一关系,如颜色的冷暖、体积的大小、形状的方圆。渐变使视觉产生柔和、含蓄的感觉,具有一种抒情的美,渐变在其数量的渐增渐减中,必须具有一定的比率与秩序,所以它又与比例有着密切的联系。

(3)对比与协调(见图 0-38、图 2-31、图 2-62、图 3-252)

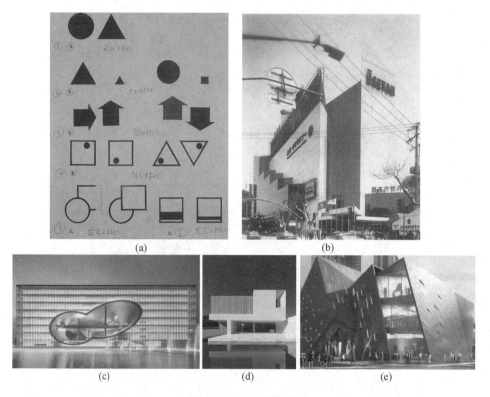

(a)　　　　　　　　　　　(b)

(c)　　　　　(d)　　　　　(e)

图 2-31　对比与协调

事物总是通过比较而存在,突出表现各形式要素间彼此不同性质的对照,力图表现形式间的差异性,扩大变化幅度,互相刺激,创造强烈的、生动的、具有各种特性的效果,这就是对比。

对比,使人感觉刺激有较高的强度,容易使人们感到兴奋,进而使形式具有生命力。此外,在时间、空间上有意识地应用上述相互关系,就能求得更富有动感的视觉效果。

造型上的对比可通过强调和夸张的手法获得,对比的类别可有以下几种。

①形状的对比,包含了多种方式,如简单与繁复、棱角与圆滑、直线与曲线、几何形与不规则形等。

②大小的对比,形状的大小对比可以极为明显。

③色彩的对比,色彩的明与暗、鲜与浊,及相对色组均属对比。

④肌理的对比,材料的不同、形的表面质感不同,给人的触觉及视觉肌理不同,如光滑与粗糙、硬与软。

⑤方向的对比,相反的方向或互成直角的方向都给人对比的感觉。

⑥位置的对比,位置在画面、空间中的不同显示出上与下、左与右、高与低。

⑦空间的对比,在平面上,形与形之间前与后的位置关系形成空间的对比,三维的空间通过虚与实、有与无、穿透与阻断等形成对比。

在对比方面,还有所谓连续对比和同时对比,前者是由时间的连续性而产生的对视网膜刺激的对比,使人感觉到的印象更加强烈。

对比的处理,可调节各要素(如大小、形状、方向等)之间的关系以改变其对比差,使其具有支配与从属的关系,给造型带来时间与空间上的抑扬顿挫,并形成造型的重点和趣味中心,如果在设计中没有支配与从属的关系,势必造成多中心或杂乱,产生形式要素之间的涣散乃至不必要的竞争。

(4)质感与肌理(见图 2-32)

图 2-32 质感与肌理

质感和肌理一般被认为是同义词。质感是物体表面质地的特性作用于人眼所产生的感觉,也就是质地的粗细程度在视觉上的感受。肌理中的"肌"可以理解为材料的质地,"理"可以认为是表面纹理的特点,例如大理石可以进行磨光、拉毛等不同的处理,材质没有变,纹理形态却不同。在设计中,"肌"主要是选择材料,对"理"则有很多设计的可能,同样的材料可以通过纹理的安排获得丰富多样的视觉效果。

肌理分为视觉肌理和触觉肌理。视觉肌理可以理解为物体表面的色彩和花纹所造成的肌理效果,只能用眼睛分出来;触觉肌理则指物体表面的光糙、粗细、软硬等起伏状态不同所造成的肌理效果,主要通过触觉来感知。由于生活中积累的经验,在多数情况下人用眼睛也可以感受到触觉肌理,所以视觉肌理和触觉肌理之间没有严格的界限。

任何材料都是有肌理的,自然界中的物体存在各种天然肌理,变化丰富。除了天然肌理,还有人为肌理。人为肌理是通过特殊手段进行人工设计的肌理,可以根据表达的需要,运用不同技法,如绘制、拓印、喷雾、刷擦、水印、拼贴、熏灸等,来获得理想或奇特的视觉肌理效果。

由于人眼的分辨能力有限,观察距离不同会造成不同层次的肌理效果,因此,肌理不仅指近距离观察时材料自身所呈现的质感特征,还包括在一定距离观察某个表面上一定尺度的起伏编排时,它们所呈现的特定效果。一定数量的相似的东西(如建筑中的门窗、阳台等)附着在某个表面上可以形成特定的肌理效果,若组织有序则能产生美感。在建筑形态设计中,有意识地把各种表面上重复的构件从起伏编排的肌理角度进行组织,会获得很好的视觉效果。

建筑外表采用三种肌理不同的材料,反射性与光滑程度各不相同,在视觉上能形成强烈的对比:建筑立面上起伏的体块形成了肌理;居住群落倾斜的屋面和上翘的屋脊形成了特殊的肌理等等。

现代建筑开始注重对各种材料进行肌理的改造,使用敲打、针刺、折叠等方法,创造出更多的肌理效果。

值得注意的是,肌理的处理必须服从于形态的整体造型要求,使质感的使用恰到好处。近年来出现的建筑表皮主义倾向就是着重在材料的质感和肌理方面进行变化(详见第 3.3.8 节)。

(5)色彩与自然要素

除上述构成要素外,还要对色彩、自然要素(水、光、植物)以及结构材料等方面进行综合考虑,才能完美体现现代建筑形态的构成。

①色彩(见图 2-33)。

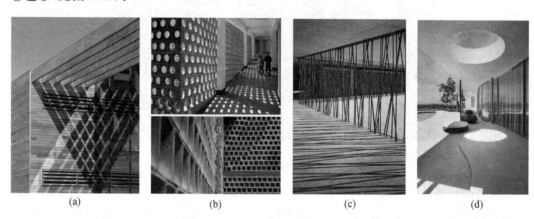

(a)   (b)   (c)   (d)

图 2-33　色彩

在各种视觉要素中,色彩是最敏感和最富有表情的要素,形状、色彩、肌理是建筑形态的主要构成要素,色彩对于形态有重要的意义,可以在形体的表面附加大量的信息,使建筑形态的表达具有广泛的可能性和灵活性。不同的色彩给人不同的知觉,引起不同的美感情绪。

色彩在给人心理刺激的同时,会引起人的心理活动,这些心理活动产生的基础是人的日常经历和生活体验,如色彩的冷暖感、远近感(空间感)、轻重感、软硬感、胀缩感等。在建筑形态中,色彩有表现气氛、区分识别、装饰美化、重点强调和对建筑形态进行调节等作用。

色彩还具有象征和激发人联想的作用,不同的色彩象征不同的意义,可以引起人不同的联想,合理而适当地应用色彩可以完善建筑形态。

②自然要素(见图 2-34)。

(a)

(b)

图 2-34　自然要素

a. 光。

勒·柯布西耶在《走向新建筑》一书中说过,"建筑是体块在光影中巧妙、适当和有意味的变化"。建筑是光与影的艺术,光与影赋予空间的效果非常强,其对于建筑形态是不可缺少的要素。

光包括自然光线和人工光线。对于自然光线,由于自然光范围很大,不可能完全利用,因此设计的实质是控制,通过对导光界面的形态、透光间隙的尺度、材料透光性的调节,并结合光界面的设计,达到具有深度动感或象征意义的空间效果。

对于人工光线,重点是做好光强度、方向和范围的控制,达到准确性和功能性的统一。路易斯·康曾说:"设计空间就是设计光亮。"从中可以看出,光在建筑空间形态设计中的重要性。

在外部空间,光影能够给予空间深度感,提高造型效果,使建筑的表情变得丰富。光还能够赋予内部空间以生命感,通过改变一个物体的光影状态,改变人对它的视知觉。建筑设计者不仅要准确描述光影,还要把光影作为一种设计的手段来丰富建筑形态的表达。如细小的木框架双重交叉,形成迷离的光影;圆球和圆锥借助强烈的阳光达到完美的造型效果;阳光下曲线形的建筑与笔直的柱子产生深色的阴影,生动而具有表现力〔见图 2-34(a)、图 3-112〕。

b. 水(见彩图 1、彩图 4、彩图 15、彩图 22、彩图 24)。

在形态组合中,将水体与建筑界面(墙、地面、顶面)以及庭院空间相结合,如泻瀑式的墙面、地面或顶面透光的水池、布置在内外空间的小品等,用水作为造型元素,以其流动性和可塑性达到动静相补、声色相衬、虚实相映的视觉效果,必将增添无穷的情趣与魅力。

c. 植物。

植物作为造型元素,以其自然性、多样性、审美性与建筑形体组合,发挥着隔热、遮阳、节能、环保的作用〔见图 2-34(b)〕。

以上扼要地阐述了这些构成元素的作用,具体可参阅拙作《现代景观设计学》(华中科技大学出版社)及相关著作。

归纳上述点、线、面的构成基本元素,形态的性质、特点、构成方式以及在现代设计及建筑创作艺术上的表达,将增强学生对构成元素在各门类现代设计中的共性与差异的认识,从而相互启发与借鉴。

2.3 空间形态的构成方法

空间形态虽不同于平面和实体形态,但其构成的基本操作方法和组织原则是相同的。作为形态的一种,建筑空间形态构成和其他形式的构成有相同的原理,即变化与统一。在进行空间形态的组织时,也要注意处理好秩序与变化、统一与对比之间的关系。

2.3.1 关系要素

形态的关系要素包括位置、方位和人的视觉惯性三个方面,它们影响着空间形态的视觉效果(见图 2-35)。

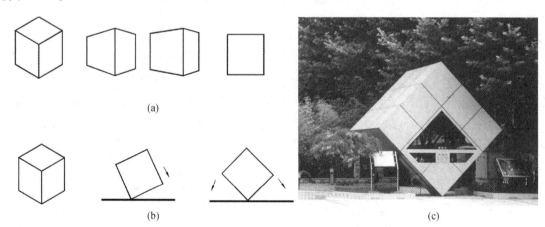

图 2-35 形态的关系要素

(a)方位的改变;(b)视觉惯性;(c)郑州科学技术馆门卫室

1. 位置

位置是指形态所处的环境。环境的烘托对建筑形态气氛和意境的形成有很重要的影响,一个合适的环境,能够增加建筑形态的感染力。

2. 方位

方位即形态的方向,相关的因素有指北针的方向、周边其他形态以及人的观察位置等。变换视点或视角,形态会呈现出不同的面貌。人与某一建筑形态之间的距离,决定了形态视觉的大小。

3. 视觉惯性

视觉惯性是指形态的集中程度和稳定程度。视觉惯性取决于形态的几何性,以及与地面、重力和人的视线相关的方向。

2.3.2 空间的限定

空间本身是无形态的,要借助实体的限定才能被人感知,点、线、面、体等不同的空间构成要素进行多样的排列和组合,会构成不同形态的空间。以下介绍单一空间和复合空间(包括二元空间和多元空间)的主要特点和限定方法。

1. 单一空间

1)单一空间的特点

单一空间具有向心性、界限明确、形式规则等特点,是建筑空间构成形式的最基本单位,是构成复杂空间的基础。空间的形状、比例、尺度、封闭与开放程度、光线等方面的不同,会影响所形成的空间特征和人的心理感受。

2)构成方法

空间构成要素的排列方向不同会构成不同的空间,根据构成要素的方向,大致可以将空间构成方法分为垂直方向的限定和水平方向的限定。

(1)垂直方向的限定

用垂直构件限定空间的方法有"设立"和"围合"两种(见图 2-36)。

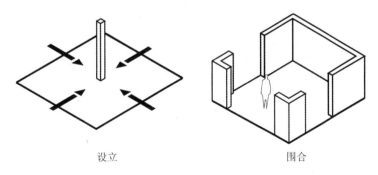

设立　　　　　　　　　　围合

图 2-36　垂直方向的空间限定

① 设立。物体设置在空间中,指明空间中某一场所,从而限定其周围的局部空间,是空间限定最简单的形式。设立可以分为点设立和线设立,草原上的蒙古包、绿地中的小雕塑是点设立;广场上有一定高度的纪念碑可看成垂直线设立。

设立仅是视觉心理上的限定,靠实体形态获得对空间的控制,对周围空间产生一种聚合力。和前面谈到的点限定类似,聚合力是设立的主要特征,是人心理所感受到的。聚合力的大小和点的体积、线的高度有一定的关系。点和线的体积与高度影响着其能够控制的范围,体积、高度和其能控制的范围成正比。

点与线在环境中的位置对聚合力有一定的影响,如果设立在环境的中心,点或线是稳定的、静止的,对各个方向的力是均等的;若从中心偏移,力就变得不均等,新位置所处的范围会变得比较有动势,点或线和其所处的环境之间会产生视觉上的紧张感。

② 围合。围合是空间限定最典型的形式,围合造成空间内外之分,内部空间一般是功能性的,用来满足使用要求。建筑中用来限定空间的墙面,使用的就是围合手法。高度、数量不同的面,围合效果是不一样的。

(2) 水平方向的限定

用水平方向的构件来限定空间的手法有基面、抬起、下沉、覆盖、架起等(见图 2-37)。

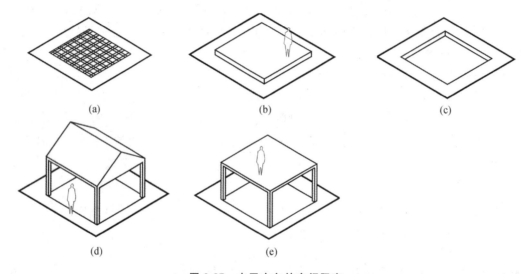

图 2-37　水平方向的空间限定
(a)基面;(b)抬起;(c)下沉;(d)覆盖;(e)架起

① 基面(肌理变化)。通过底面的不同色彩、肌理的材料变化来限定空间,如草地上铺的一块野餐布、地面上的迎宾红地毯等。这种限定没有实际的界定功能,只起到抽象限定的提示作用,空间限定度极弱。

② 抬起(凸起)。使部分底面凸出于周围空间,沿着水平面的边界生成若干个垂直表面,限定范围明确,凸起的空间明朗、活跃。然而,当凸起的次数增多,重复形成台阶状形态时,凸起对空间的限定程度反而会减弱。

③ 下沉(凹陷)。与凸起的形式相反,性质和作用相似,利用下沉部分的垂直表面来限定一个空间容积,凹陷的空间含蓄、安定。

④ 覆盖(顶面)。覆盖是具体而实用的限定形式,上方支起一个顶盖,在顶面和地面之间限定出一个空间容积,使下部空间具有明显的使用价值。覆盖对空间并不能明确界定,和基面手法相似,覆盖也是一种抽象的、心理上的限定。如餐桌上方的遮阳伞,会使伞下的人得到心理上的安定。

顶面的形态不同,人对空间的感受也不同。

⑤ 架起。和抬起一样,架起是将被限定的空间凸起于周围空间,所不同的是在架起的空间下部包含有从属的空间。架起和覆盖的区别是,架起的顶部空间也有使用价值。

2. 复合空间

复合空间是由多个单一空间组合而成的,多个空间之间有一定的组合方法和规律。

1) 二元空间

二元空间即两个单一空间的组合。在构成时,除了以其自身的形状、大小、封闭与开敞等特点影响构成效果之外,还以两空间的相对位置、方向以及结合方式等的不同关系,构成空间上有变化、视觉上有联系的空间综合体。二元空间的组合方式有包容、相交、接触、连接四种。

(1) 包容

包容指大空间中包含着小空间,两空间很容易产生视觉和空间的连续性。被包容空间的尺寸、形状和方位的改变,会形成不同的空间包容感(见图2-38)。

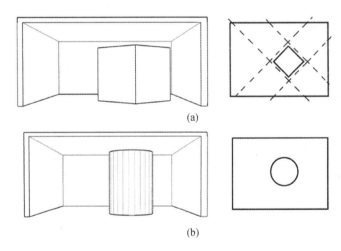

(a)

(b)

图 2-38 二元空间的包容

(a)两空间形状相同;(b)两空间形状不同

两个空间的尺寸应有明显的差别,才会有包容的感觉。若被包容的空间尺寸增大,会破坏包容感。

① 被包容的空间和包容空间的形状相同、方位不同,附属空间充满动感。

② 两空间在大小、形状上都不同,小空间的独立感增强,表示两者的功能不同,或象征小空间有特殊的意义。

(2) 相交(穿插式空间)

相交指两空间的一部分重叠成公共空间,其余部分还保持各自的界限和完整性。可以从形的各种因素如轮廓、方位、部位、角度、结构方式、颜色等方面出发,解决衔接问题。中间的公共空间有以下几种处理衔接的方法(见图2-39)。

① 两空间保持各自的形状,重叠部分为两空间共有。

② 重叠部分与其中一个空间合为一体,成为完整的空间,另一空间居次要和从属的地位。

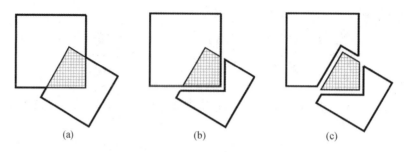

图 2-39　二元空间的相交

③ 重叠部分作为独立部分自成一体,成为两空间的连接空间。

（3）接触（邻接式空间）

接触是空间关系中最常见的形式,每个空间都能得到很清楚的限定,相接触的两个空间之间的视觉和空间的联系程度取决于既将它们分开又把它们联系在一起的那个分隔要素的特性。大体上来说,中间的分隔要素有四种情况（见图 2-40）。

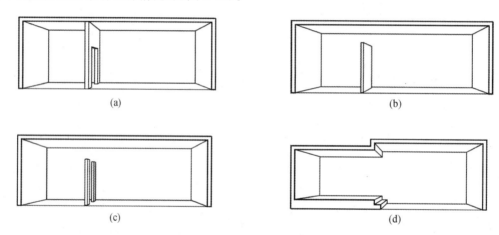

图 2-40　二元空间的接触

(a)以实体分隔;(b)设置分隔面;(c)以柱分隔;(d)以高差、肌理等分隔

① 以实体分隔:限制两个相邻空间的视觉连续和实体连续,各空间独立性强,分隔面上开洞的大小影响空间的联系程度。

② 设置分隔面:在单一空间里设置独立分隔面,空间隔而不断,分隔面的大小影响两空间的联系。

③ 以柱分隔:线形柱列分隔两空间,具有高度的视觉和空间连续性,其通透程度与柱子的数量、粗细等有关。

④ 以高差、肌理等分隔:改变地面或顶面高度,对墙面或地面进行不同处理来区分两空间,分隔感最弱。

（4）连接

相互分离的两个空间由一个过渡空间相连接,这个过渡空间的特征对于空间的构成关系有决定性作用。根据过渡空间与它所连接的空间在形式、尺寸、方位等方面的联系可分为四种情况（见图 2-41）。

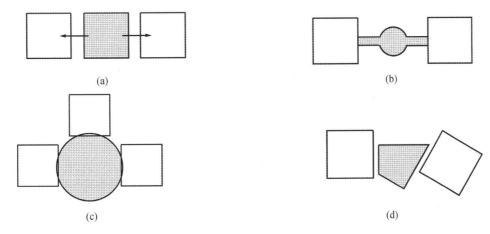

图 2-41 二元空间的连接

(a)重复连接;(b)线形连接;(c)放射连接;(d)不同方位连接

① 过渡空间在形式、尺寸上与它所连接的空间完全相同,构成重复的线式空间系列。

② 过渡空间在形式和尺寸上不同,强调自身的联系作用。

③ 过渡空间在形式上相同,尺度较大,将所联系的空间组织在周围,成为整体的主导空间。

④ 过渡空间的形式与方位完全取决于其所联系的空间的形式和方位,形式灵活多变。

2）多元空间的构成

一般来说,多元空间的构成有集中式、线式、放射式、组团式、网格式五种方式。相同或相似形体、体量的空间组合,多采用线式、放射式或网格式等组合方式,通过重复排列的空间,使整体在视觉上产生群化效应,获得统一感。在形体、体量上差异较大的空间的组合,一般多采取集中式或放射式的组合,在中心部位布置体量大的、占主导地位的空间,形成大小体量的有趣对比。

（1）集中式组合

集中式组合指由一定数量的次要空间围绕一个大的、占主导位置的中心空间的组合,它是一种稳定的向心式构成。中央主导空间一般是尺寸比较大的规则形式,统率周围的次要空间,也可以用形态上的特异性来突出其主导地位。组合中次要空间的功能、形式、尺寸可以相似,也可以为了适应各自的功能要求而互不相同(见图 2-42)。

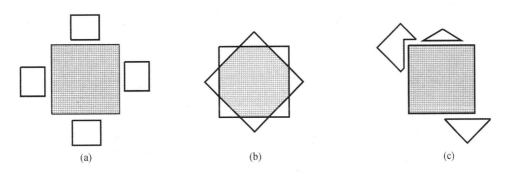

图 2-42 集中式组合

(a)次要空间的功能、尺寸完全相同;(b)次要空间由大空间相互套叠形成;(c)次要空间形状和尺寸均不相同

（2）线式组合

线式组合由若干个单元空间按一定方向相连接,构成空间序列,有明显的方向性,并有运动、延伸、增长的趋势,灵活性很强,容易适应环境条件。按照构成方式的不同可分为直线式、折线式、曲线式、圆环式等种类(见图 2-43)。单元空间可以完全相同,也可以在形状、大小方面有一定的差异。

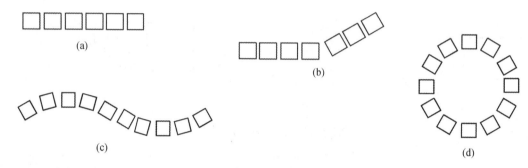

图 2-43　线式组合

(a)直线式;(b)折线式;(c)曲线式;(d)圆环式

（3）放射式组合

放射式组合综合了集中式和线式两种组合的特点,由居于中间的主导空间和从主导空间呈放射状向外扩展的线式空间组合而成。集中式组合是一个内向的形式,向内聚焦于中央空间,而放射式组合则是外向的形式,由中心向外伸展到其环境中。

放射式组合的中心空间通常是规则的形式,为保持组合整体形式上的规整,线式组合的臂膀一般在形式和长度上彼此相似。当然,为适应不同功能和环境的特殊要求,放射式组合的臂膀也可不同。

风车式是放射式的一种特殊形式,线式组合的臂膀从正方形或矩形中心空间的各边向外延伸,形成充满动感的图案,具有围绕中心空间旋转运动的视觉倾向。

当围绕中心的各形态处在不稳定和定向运动的状态,且形态间保持相似性和连续性时,放射式组合将由静止产生一种强烈的动势(见图 2-44)。

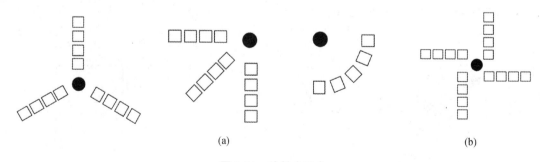

图 2-44　放射式组合

(a)中心放射式;(b)风车放射式

（4）组团式组合

组团式组合将功能上类似的空间单元按照形状、大小或相互关系等方面的共同视觉特征,构成相对集中的建筑空间。在组团式空间中,也可将各个尺寸、形式和功能不同的建筑空间,通过紧密的连接和视觉上的一些手段(如轴线、对称)构成组团。

组团式组合的图案并不来源于某个固定的几何概念,它灵活可变,具有连接紧凑、易于增减和变换组成单元而不影响整体构成的特点。

组团式组合常见的构成方法有围绕入口分组、围绕交通空间分组、围绕室外空间分组、围绕庭院分组等,也可以成团地布置在一个大型的区域或空间的周围,这有些类似于前面提到的集中式组合,但少了些集中式组合的紧凑性和几何规整性。

在组团式组合中,可以采用对称或轴线的手法统一组团式组合的各个局部,突出某一空间或空间群的重要性(见图 2-45)。

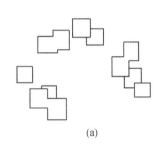 

(a)   (b)

图 2-45 组团式组合

(a)组团式组合示意图;(b)某住宅模块

（5）网格式组合

网格式组合由两套平行线相交形成网格,这两套平行线通常是垂直的,当网格由二维转为三维时,就形成一系列重复的、模数化的空间单元。

空间单元系列具有秩序性和内在的联系,在人的视觉感受上,网格的存在有助于产生整体统一的节奏感。网格的组合来自图形的规整性和连续性,由空间中的控制点和线建立起一种稳定的位置或区域。

网格具有组合空间的能力,在进行削减、增加、层叠、滑动、中断、位移等变化时,仍能保持其可识别性(详见第 3.1.2 节)。

2.3.3 建筑形体的构成方法

任何复杂的建筑形态,都是由简单的基本形体通过一定规律和手法变化、组合而成的。和空间形态类似,建筑基本形体的视觉特性有形状、尺寸、位置、方位、重心、色彩、质感等方面,在这些方面进行不同的处理,能够创造多变的建筑形态。

建筑形体的构成方式大体有三种,一是基本形体自身的变化,二是基本形体之间相对关系的变化,三是多元基本形体组合方式的变化。从宏观上看,后两种构成方式可以看成是两个或多个基本形体的积聚。

基本形体自身可以在三个量度上进行大小、形状和方向的改变,主要的手法有转换、积聚、切割和变异四种。其他的手法都是以这几种为基础进一步发展变化得来的,如单元组合、穿插、错位、网格等手法的本质是积聚;分裂、收缩、断裂等手法属于切割的范畴;膨胀、旋转、扭曲、倾斜等是基本形体变异的手段。

在实际的建筑设计工作中,设计者并不是简单地运用某一种处理手法,而是综合使用多种方法对形体进行处理,创造出千变万化的建筑形态。

1. 转换

转换指从角度、方向、量度、虚实等方面对建筑形态进行转换,不是实质性的变化(见图2-46)。

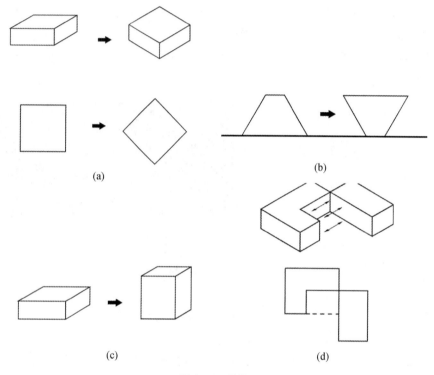

图 2-46　转换

(a)角度转换;(b)方向转换;(c)量度转换;(d)虚实转换

1)角度转换

基本形体表面保持不变,改变局部形体的方向,产生外形角度变化的效果。

2)方向转换

改变基本形体放置的方向,与正置的形体相比,斜置与倒置的形体给人的视觉刺激增强,产生与形体正置所不同的空间感受。

3)量度转换

形体可以通过改变一个或多个量度的方法进行变化,同时能保持本体的特征。例如一个立方体,可以变化其长度、宽度或高度,使其变成长方体。

4)虚实转换

虚实转换即虚体和实体之间的联系和变化,虚体是建筑实体实际占有的空间之外、被暗示出来的、由空间张力限定出来的空间。在形态的组织中,这种联想空间越多,形态就越丰富。

2. 积聚

基本形的积聚处理是在基本形体上增加某些附加形体,或多个形体进行堆积、组合而形成新的形体,使整体充实和丰富,是一种加法操作(见图2-47)。

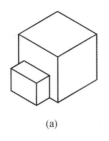  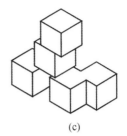 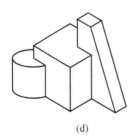

(a)   (b)   (c)   (d)

图 2-47 积聚

(a)一个附加形体的积聚;(b)多个附加形体的积聚;(c)重复形体的积聚;(d)对比形体的积聚

所添加的形体应在整体中占从属地位,起到衬托和加强主体特征的作用,而不能改变和干扰主体的性质和基本造型特征,过多的附加体和体量过大的添加体会影响基本形体的性质,使主体失去控制作用。

1）二元形体的积聚

形体是内部空间的外在表现,因此在阅读这部分内容时,要结合上一节中"二元空间的组合方式"的相关论述。

二元形体体量之间积聚的方式有以下几种(见图 2-48)。

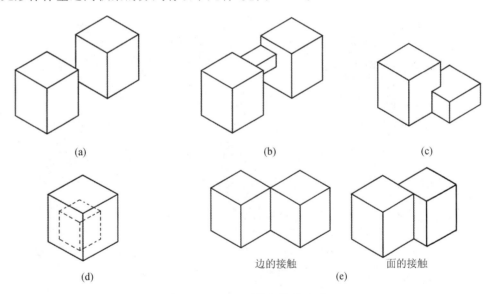

图 2-48 二元形体积聚的方式

(a)空间张力;(b)构件连接;(c)穿插;(d)融合;(e)接触

（1）空间张力（分离）

形体之间彼此靠近,具有共同的视觉特点,比如形状、色彩、质感等,由于视觉的完形作用,会把它们看成一个整体。形体之间并没有实质性的接触,而是依靠心理产生的空间张力来联系。

（2）构件连接

构件连接由构件将两体量连接起来,比空间张力的连接更紧密。

（3）接触

接触包括边的接触和面的接触。边的接触是形体之间共享棱边;面的接触要求形体有相互平行的、相对应的表面,表面与表面紧贴在一起。

（4）穿插

穿插指形体互相贯穿到彼此的空间中,是形体之间体的接触,形体之间有无共同的视觉特征并不会影响穿插的进行。

（5）融合

融合是小体量的形体融入大体量的形体之中,小体量形体失去了控制外部空间的作用,和空间的包容类似。

在几何形式或方位不同的体量进行积聚时,彼此的边界相互碰撞和贯穿,各个体量在视觉上的优势和主导地位是不同的,要注意协调好两者之间的关系。

2）多元形体的积聚

积聚是由个体结合成整体、汇集群化的方法,是建筑创作的重要手法,如图 2-49、图 2-50 所示。在积聚过程中,基本形的视觉要素,如形状、大小、位置、色彩、肌理等,可以作各种规律和非规律的变化。

单体数量的多少和单体自身的独立性成反比,积聚中单体数量越多、密集程度越高,由积聚产生的新形态的积聚性越强,而单体的个性和独立性则趋向消失。因此,在单体数量多时,基本单体应以简单为宜,操作的重点在总体的组合上;当单体数量少时,对单体的推敲则是很重要的。

(a)

(b)

(c)

图 2-49 相同或相似形体的积聚

(a)日本东京中银舱体大楼(日本,黑川纪章);(b)某住宅单元;

(c)"蒙特利尔—67"住宅(加拿大,萨夫迪,1967 年)

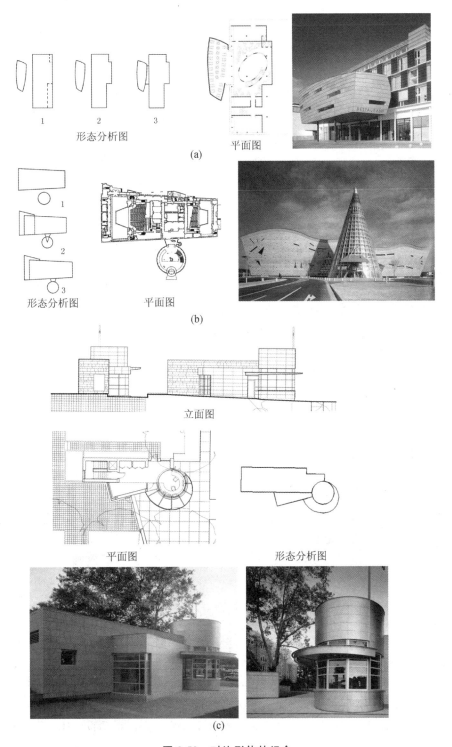

图 2-50 对比形体的组合

(a)马丁斯巴克酒店;(b)日本久慈市琥珀大厅(日本,黑川纪章,1999 年);

(c)某入口处传达室;(d)某军事训练基地(美国,R.艾伦)

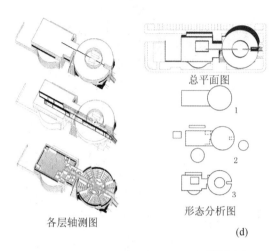

总平面图

1

2

3

各层轴测图   形态分析图

(d)

续图 2-50

（1）组织方式

在重复形和相似形的积聚中，相同和相似的单位形体通过不同的连接方式、不同的位置变化，构成不同的空间感觉。组织的方式有分离式、集中式、线式、放射式、组团式、轴线式、网格式等，若在整体重复中加入局部的变化，可得到丰富的造型效果。

如图 2-49(a)所示，面与面接触的一个个单元盒子像搭积木一样，在一定规律下排列，局部盒子的摆放灵活自由；图 2-49(b)中，该建筑利用纤细支柱支撑的单元盒子保持分离的状态，在视觉上显得灵巧轻快；图 2-49(c)中，185 个小盒子前后错落、互相咬合地连接在一起，以新的结构方式打破"面"的界限，改变住宅形态的单一性。

在对比形的积聚中，主要强调对比因素，对比因素有形状、大小、多少、动静、方向、疏密、粗细、轻重等，应注意整体的协调性和统一性。对比形的积聚还包括不同材质、不同色彩及不同形状（线型、面型、体型）的综合对比构成（见图 2-50）。

重复形、相似形体的重复组合和对比形体的变化组合，都是充分利用一定的均衡与稳定、统一与变化等美学原理创造具有一定空间感、质感、量感、运动感的造型形态。要注意形体之间的贯穿连接，结构要紧凑、完整而富于变化，发挥各种构成因素的潜在机能，组成既有运动韵味、空间变化丰富，又协调统一的立体形态。

（2）数量感受

在形体的组织中，单一形体或多个形体的组合有着不同的视觉效应和心理感受，例如，单个形体和用空间张力的方法连接的不同数量的形体，会形成一枝独秀、二元并蒂、三足鼎立、四厢对峙等视觉效果（见图 2-51～图 2-55）。

不同地域的人对数会有不同的约定俗成的习惯，通常的认识是，一突出、二对称、三形成主次、四多量、五成群，若超过一定的数量，在视觉上极易造成复杂感，并产生错觉和凌乱。对于数量，五个以上的结构单体不能是个体的集合，应当作为群体来考虑；五个以下的单体，不仅要考虑总体关系，而且要考虑单体的完美。

图 2-51 一枝独秀
(a)上海环球金融中心;(b)台北 101 大厦(李祖原);
(c)香港金融中心;(d)郑州 CBD 文化中心仟僖宾馆

(a)

(b)

(c)

图 2-52 二元并蒂

(a)彼得罗纳斯双塔大厦;(b)以印第安文化为主题的广场;(c)巴利斯塔犹太教堂(M.博塔,1998年)

图 2-53　三足鼎立

（a）某办公楼；（b）上海商城；（c）北京银泰中心

图 2-54　四厢对峙

（a）法国国家图书馆；（b）蒙特利尔中心

图 2-55 多个形体

(a)福州元洪城;(b)广州珠江帆影;(c)墨西哥某景观

(3) 形体效应

空间与形体的构成是有一定规律的,研究与总结其在空间构成中的主要效应,则可从各种复杂的变化中抓住要领。

① 控制效应。一个单独的形体,能以其体量、位置、所处的群体及环境关系等因素,最大限度地控制周围的空间,在视觉和心理上造成优势〔见图 2-56(a)〕。

② 极化效应。两个拉开一定距离的形体,占有并控制了全部的环境空间,在两形体间会产生张力空间。这两个形体的体量要适当,有对称关系或主从关系,若比例相差过大则不能形成张力空间效应〔见图 2-56(b)〕。

③ 排列效应。按照一定的秩序和有规律的距离,有目的地放置若干个形体,能够形成形体的排列效应,这是形态构成中最常见的形式〔见图 2-56(c)〕。

④ 群化效应。在同一空间环境中,形体有规律地成组布置,组成多群体〔见图 2-56(d)〕。

⑤ 节律效应。在形态的空间构成中,有节奏、韵律、重复和休止,是有抑扬变化的群体组合,能带给人优雅和谐的视觉感受和心理效应。

⑥ 轴线效应。所有形体围绕一个或多个轴线有规律地构成,轴线要有主次之分,注意层次分明。轴线效应常出现在多单元和多形态的构成中(详见第 3.1.1 节)。

3. 切割

切割是把整体形态分割成数个小的形体,是一种减法操作。

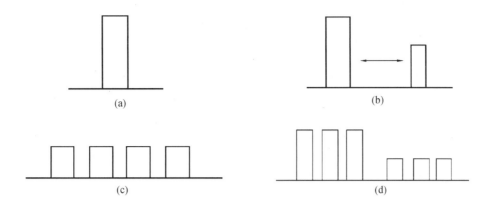

图 2-56 形体效应

(a)控制效应；(b)极化效应；(c)排列效应；(d)群化效应

1）切割的种类

一个整体形象通过面和线的不同形式的切割，会产生新的形态，呈现新的视觉特征。切割大致可分为三类，分别为分割、削减和分裂（见图 2-57）。

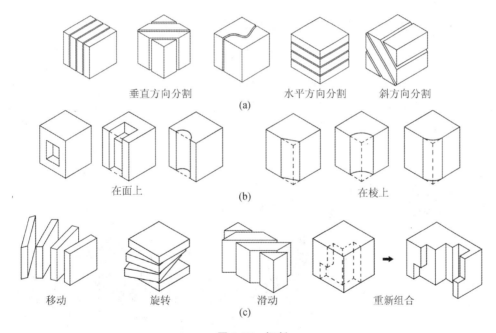

垂直方向分割　　水平方向分割　斜方向分割

(a)

在面上　　　　　　(b)　　　　　　在棱上

移动　　　　　旋转　　　　　滑动　　　　重新组合

(c)

图 2-57 切割

(a)分割；(b)削减；(c)分裂

（1）分割

对基本形体进行不同方向的分割，将整体分成若干部分，总体量保持不变。

（2）削减

在基本形体上减掉一部分，原形仍保持完整性，要注意的是，削减的量和削减的部位会影响原形的特性，过度削减边棱和角部会使原形丧失原来的本性而变得模糊，转化为其他形体。根据不同程度的削减，形体可以保持其最初的特征，或者变成另一种形式。

（3）分裂

使分割出来的各形体在位置上发生变化,重新组合,进行如滑动、拉开、错落等位移操作,因此也称为分割移位。因为原本是一个整体,经过切割移位后的形态,如果还能看出原形,则各部分之间的形态张力会产生复归的力量,形成张力,使整体形态具有统一的效果。

也可以用分解、离析的方式使基本形体的部分体积发生裂变、破碎,或者将其彻底打散后,再结合增加方式组合成新的形体。由于碎片来自于基本形体,从理论上来讲可以复原,所以其破碎的边缘轮廓仍保持某种相似性与吻合性,并可形成新的有机整体,同时又具有视觉上的冲击力。

2）切割的方式

切割的方式有几何式切割和自由式切割两种。

（1）几何式切割

几何式切割在切割形式上强调数理秩序,其切割方式包括水平切割、垂直切割、倾斜切割、曲面切割、曲直综合切割及等分切割和等比切割。

（2）自由式切割

自由式切割是完全凭感觉去切割,使原本单调的整块形体发生变化,使其具有新的生命力。

3）切割的部位

切割的操作可在形态的各个部位进行,相比较来说,在形体的边缘、角部、顶部等视觉的临界面进行切割,空间形态更容易产生开放、封闭、流通的不同效果,同时会使轮廓、天际线等产生变化,再通过比例、尺度、光、色、韵律、渐变的把握与推敲,给形体带来新的视觉感受。

不同种类、不同位置和不同方式的切割手法的综合运用,会给建筑形态带来丰富的变化。

图 2-58 所示为通过切割及加减手法形成的建筑造型与风格示例。图 2-59(a)中,长方体块内的三条自由曲线将形体划分成三个不同的部分;图 2-59(b)大小不同的圆柱体的切割组成内外空间;图 2-59(c)中,为保留基地上的树木,采用大小不同的椭圆穿孔手法,来分割户型组合。图 2-60中,对圆球、圆柱、圆环进行不同的切割,形成了丰富的形式感。图 2-61 中,通过从不同方向对切割斜面进行减法处理,在视觉上形成了动感、变化、无序的效果。图 2-62 通过对一些优秀建筑进行形态分析,有助于加强读者对形态构成方法的认识与深化。

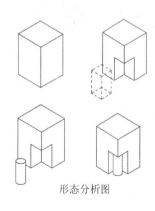

形态分析图

(a)

图 2-58　几何形的切割

(a)德国柏林费埃德里斯塔居住综合体;(b)旧金山现代艺术博物馆(M.博塔,1992 年);(c)圆柱体独家住宅(M.博塔)

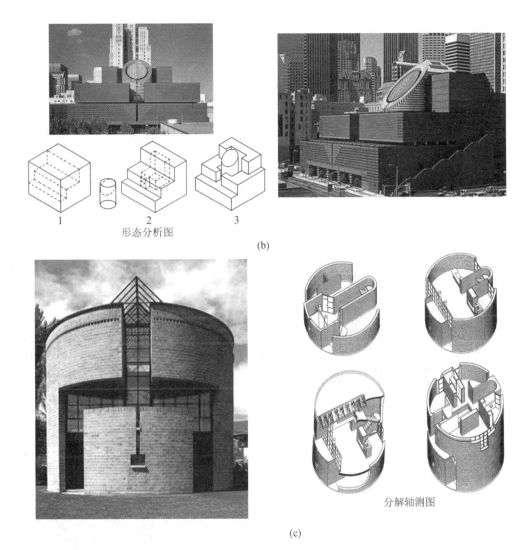

形态分析图

(b)

分解轴测图

(c)

续图 2-58

4. 变异

变异可理解为非常规的变化,对基本形态的线、面、体进行卷曲、扭曲、旋转、折叠、挤压、膨胀、收缩等各种操作,使形体发生变化,在视觉上产生紧张感。形体的变异使传统的几何形体弱化或消解,自由和有机的形体使形态表现出弹性、塑性和张力,多维、流动、不定型,单一的几何形态转变为以变量为主导的不定形态。形体像富有弹性的胶一样,受到外力或内力扭动、推拉、伸张或挤压,产生不同的变形;也能够像充气或抽气一样,进行膨胀和收缩,得到变化的形体(见图 2-63)。

当代建筑领域,传统的建筑形态产生了多元化发展的趋势,使用变异手法设计的建筑越来越多,纯正、单一、明确、典雅正被多元、含混、不确定、通俗所取代,在建筑形态操作中引入斜、折、曲等线、面、体要素,甚至破碎、断裂的形态,设计者要对这些现象有一个正确而客观的认识。

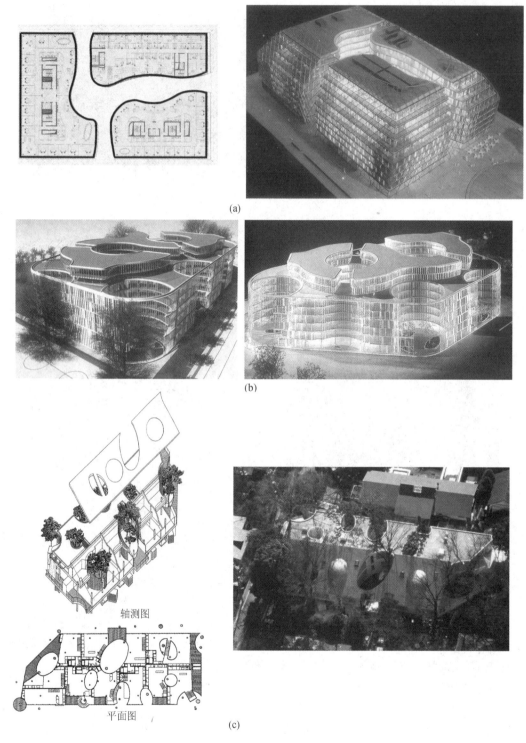

(a)

(b)

轴测图

平面图

(c)

图 2-59　曲线的切割

(a)某酒店;(b)某办公楼;(c)日本羽根木林森公寓

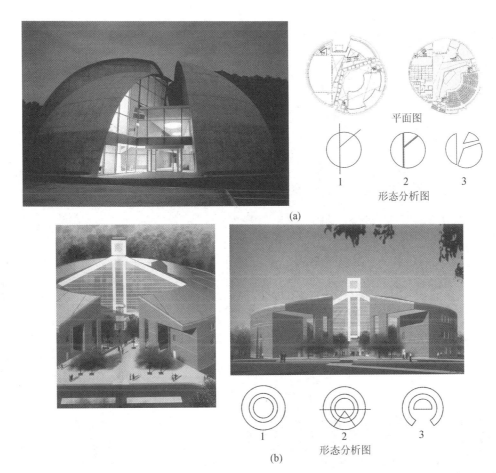

平面图

形态分析图

1　2　3

形态分析图

1　2　3

图 2-60　圆球和圆环的切割

（a）某农业公共与文化中心；（b）格威内特中心教学楼

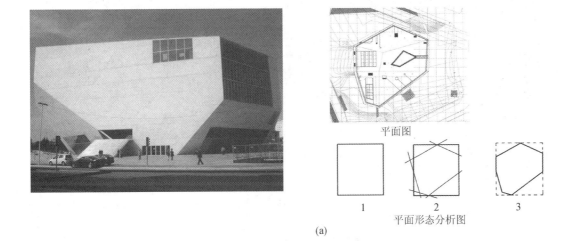

平面图

平面形态分析图

1　2　3

图 2-61　斜向切割

（a）某音乐厅；（b）西班牙某教堂

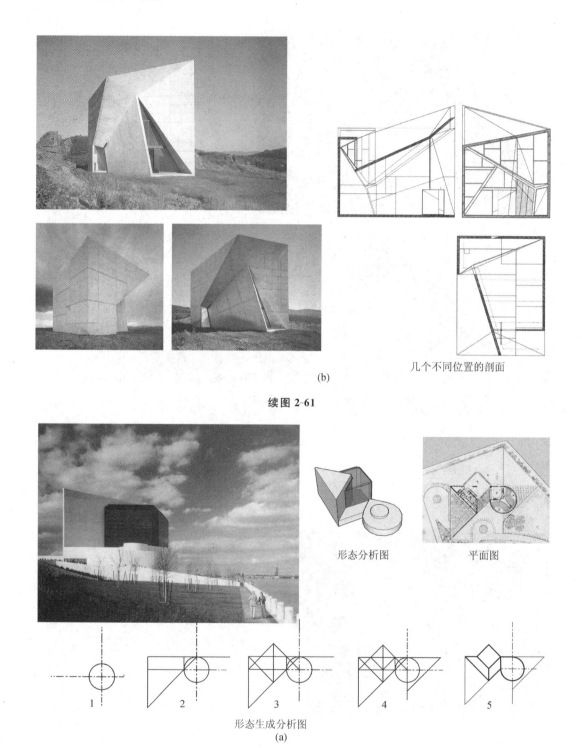

几个不同位置的剖面

(b)

续图 2-61

形态分析图　　　平面图

形态生成分析图

(a)

图 2-62　综合手法建筑实例

(a)肯尼迪图书馆(贝聿铭,1979 年);(b)达拉斯音乐厅(贝聿铭,1989 年);(c)苏州博物馆(贝聿铭,2004 年);
(d)北京国际展览中心;(e)文锦渡海关大楼钟楼;(f)香港中国银行

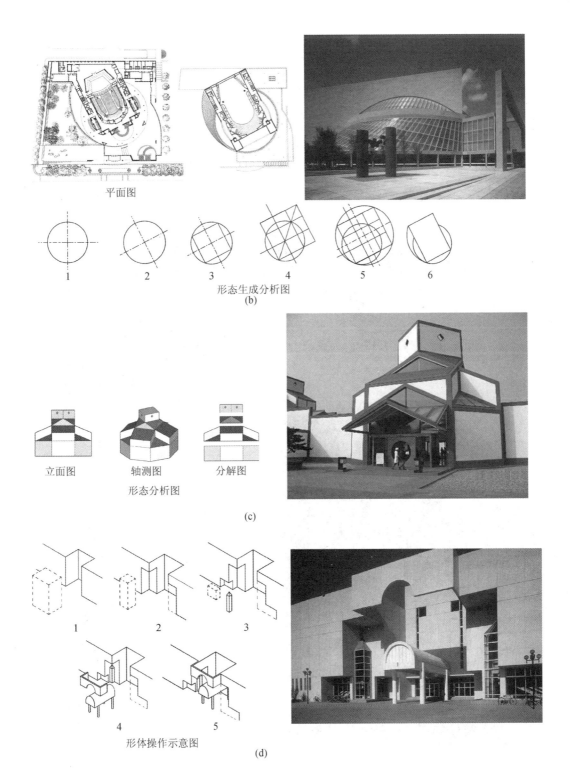

平面图

形态生成分析图
(b)

立面图　　轴测图　　分解图

形态分析图

(c)

形体操作示意图

(d)

续图 2-62

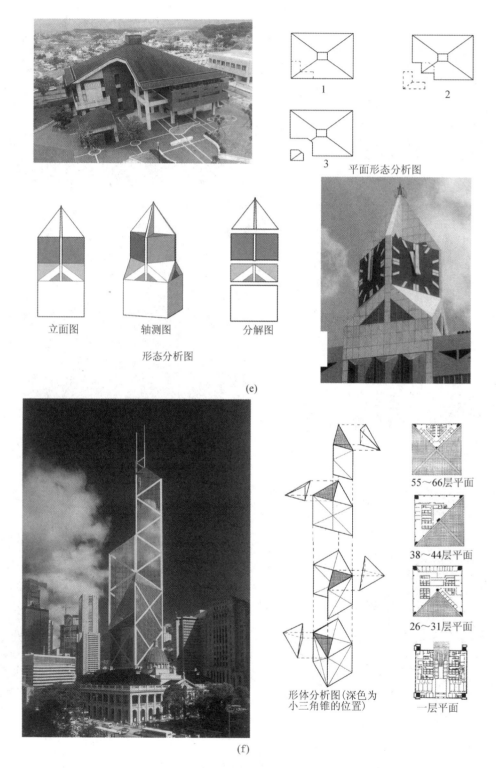

平面形态分析图

立面图　　　　　轴测图　　　　　分解图

形态分析图

(e)

55～66层平面

38～44层平面

26～31层平面

形体分析图(深色为
小三角锥的位置)

一层平面

(f)

续图 2-62

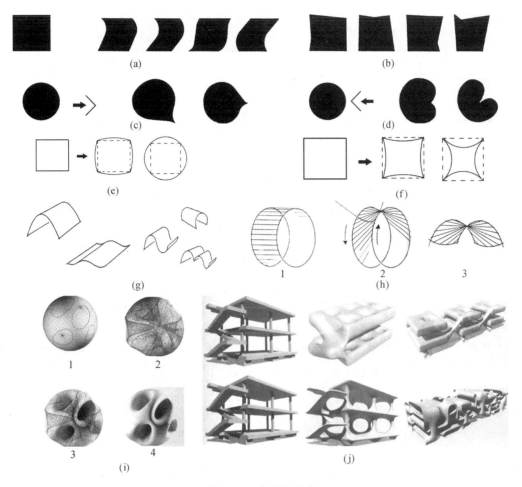

图 2-63 变异的手法

(a)扭动;(b)推拉;(c)膨出;(d)挤压;(e)膨胀;(f)收缩;

(g)卷曲;(h)扭转;(i)挤压;(j)膨胀(上)和收缩(下)

1)变异产生的背景

(1)思想基础

① 外部学科的启示。

哲学从理性到非理性的转变,现代建筑学派向地域文化以及哲学靠拢,解构和混沌理论的出现,以及对手法主义、表现主义的追求等因素,是建筑形态产生变异的思想基础。

现代数学、混沌理论、仿生学和物理学在拓扑学、分形学等方面的探索,给建立在静态三维几何学基础上的现代主义形体观念带来冲击。随着对自然研究的深入,人们发现自然是一个非线性世界,非线性系统有"反常""旋涡""突变""性质改变"等物理表现,分形几何学确立的多维度概念、拓扑几何学的同构异形观念使建筑形态走向塑性、多维、流动、无定形的方向。

构成现代主义建筑和古典主义建筑的核心词语是秩序性、永恒性、准确性、定位性、匀质性等,而当代一些设计者认为,这些理性的认识并不能反映真实世界的本质。

文丘里也认为"在简单正常的情况下所产生的理性主义,到了激变的年代已有了不足"。在技术水平和文化需求不断增长的时代,传统建筑理论对形态的认识已难以赶上建筑实践变化的速度。全球化带来的趋同引起人们的反思,建筑形态的多样化和个性化成为设计者们关注的重点。

使建筑形态产生变异是体现个性化、激发人的注意力的一种手段。当代建筑的发展突破了现代主义初期对单一建筑形态和单纯几何形体的追求,建筑形态由单一的几何形态走向以环境参数和变量为主导的不定形态。

形态的发展开始逐步走向多元化,设计者摆脱理性教条主义的束缚,打破和谐、统一的建筑美学法则,在形态中引入偶然、随机等理性所排斥的东西,使用偶然、不定、无向度、异质等非常规的方式,来表现更为接近真实自然的原生态,已经成为当代建筑设计的趋势。

② 审美观的改变。

以上这些因素使人对建筑形态的审美发生了变化,认为传统的均衡、稳定、统一等原则僵化且教条化。人们不再满足于平衡、和谐、稳定,转而追求不平衡、非和谐,以至于精神上受到刺激并产生震撼,在追求不平衡、无序、残缺、破碎、扭曲、畸变的背后,反映当代人试图打破四平八稳的正统美学的心理趋势,使事物偏离常规,产生心理紧张和陌生的感受。

③ 消费文化的影响。

当代社会正在历经从传统的生产型向消费型转化的过程,建筑创作也不可避免地受到消费文化的影响。

在消费时代,越引人注目越可能获得巨额的利润,及时、新鲜和流行的东西符合开发商和业主及市民的需要,作为消费与欣赏对象的建筑因此也发生了变化。建筑中的消费主义借助夸张的形体,用感性经验取代理性逻辑,掩盖了建筑原有的功能性和合理性的本质。盖里的作品就是典型的消费文化建筑,他设计的西班牙毕尔巴鄂市古根汉姆音乐厅,因为奇特的形体为当地带来滚滚财源。

(2)技术基础

不断进步的建筑技术,从设计手段、材料、结构、施工等方面增加了对建筑形态进行广泛探索的可能性。

随着计算机辅助绘图技术(CAD)和计算机辅助制造技术(CAM)的发展,现代建筑师已经摆脱了原有技术对创造的束缚。计算机所赋予的空间虚拟能力,使建筑空间很容易被实施切割、扭曲、滑动、重叠等操作,空间建构达到空前的复杂和自由。计算机介入设计思维的过程中产生了多维开放、富有弹性、柔性、动态、混沌特征的变异形体,且因为新建筑材料的出现和施工技术的进步而具有可行性。

计算机所赋予人的空间虚拟能力,逐渐改变了设计者在塑造空间时的思考方式,由传统的空间"塑造"开始逐渐向空间"诱导"转变,即计算机技术引导和诱发全新的建筑空间和形体产生,赋予了形体创造更多的可能性和更大的想象力。

2)变异的表现

建筑形态变异大体体现在结构变异、解放材料与表现实体、注重生态与表现有机形态、注重表皮材质与肌理等几个方面。

图2-64中,该建筑仿佛被侧面来的力推了一下,形体发生了有趣的变化。图2-65为德国某电影中心,该建筑将支离破碎的片状与块状材料堆砌在一起,表达了不定与无向度,室内空间亦零散、不规则。图2-66的两栋建筑墙面的分割打破了规整的常规,显得散漫而随意。图2-67(a)中,该建

筑仿佛一缕轻烟,又像一段柔软的飘带,丰富的想象力赋予钢筋混凝土建成的建筑以柔美的形态;图 2-67(b)中,该建筑像龙卷风,又像正在流淌的液体,钢和玻璃竟能表达如此柔软的形态;图 2-67(c)中,该建筑像林间川流的溪水,跳跃着向下游奔去。图 2-68(a)中,该建筑叠加的鳞甲状板酷似一只甲壳虫;图 2-68(b)中,该建筑卷曲的形体像一只贝类动物。图 2-69 为美国华盛顿体验音乐博物馆,该建筑看似一堆随手揉过后丢弃的废物,形体混乱且没有规律,却营造出一个复杂多变的空间。

图 2-64　表达非垂直力

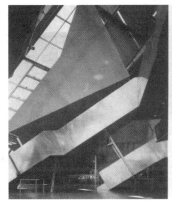

图 2-65　打散空间与实体

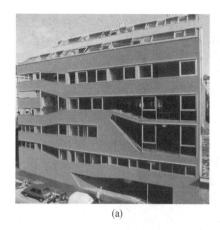
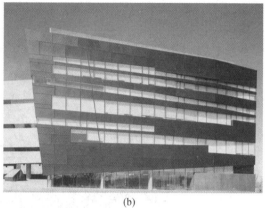

(a)   (b)

图 2-66 随意与无序

(a)澳大利亚某建筑(2000 年);(b)加拿大某大学建筑(2000 年)

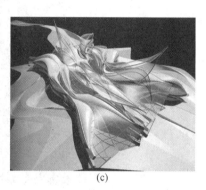

(a)   (b)   (c)

图 2-67 形体的柔性与流动

(a)某建筑方案;(b)某文化中心;(c)某展示中心

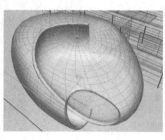
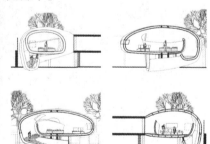

不同位置的剖面

(a)   (b)

图 2-68 模仿有机形态

(a)美国某建筑;(b)墨西哥某建筑

图 2-69 表现挤压与扭曲

（1）结构变异

一些设计者认为,传统的几何形体是一种对抗"垂直力系"的表现,往往缺乏生气,而应对"非垂直力系"的建筑形态则显得灵活多变。现代建筑结构、建造技术的发展,为丰富与创新建筑形态的表现力提供了物质基础和技术保证。

（2）解放材料、表现实体

这种方式一反现代主义建筑的秩序性、永恒性、确定性、定位性与匀质性等特点,表现材料的偶然性、临时性、不定性、无向度性和异质性等特性,使形体发生非常规的变化,采用扭曲、挤压、拉伸、膨胀、分解、错位、叠加、扭曲、断裂、重组变形等手段,通过形体的运动感、流动性、弹性、塑性、张力和无规律的变化体现物质的性质,用罕见的、扭曲的或怪异的体量追求不平衡和视觉的刺激,给人强烈的视觉冲击。

物质成为建筑形态表演的主角,空间不再是建筑的控制性要素,而是物质占据空间。不追求构造的理性和建筑体量的清晰逻辑,建筑内部边界破碎多变,界定含混,建筑外部体量更是由多种异质元素混杂、相互交织或冲撞,构成反逻辑的、复杂的视觉景象。

（3）注重生态、表现有机形态

生态指人与自然的关系,在处理建筑与自然的关系时,有两个方面要关注,一是建筑形态与自然的关系,表现为地域性和仿生性;二是建筑设计应适应环境,即通过可持续的建造方式,运用高科技建造生态建筑。

建筑师在设计中主要遵从"自然的规律",建筑的理性在这里变异为"自然的理性"。生态建筑是一门综合性的系统工程,是多学科、多工种的交叉,这种复杂性甚至颠覆了传统的建筑设计方式,这种整合生态的设计理念,促使建筑形态产生大的变异,主要的手法有模仿自然、形态仿生和生态技术的运用等。

① 模仿自然。

通过建筑形态的方式把充满神奇变化的自然表现出来,模仿自然界中叠加、破碎、晶体化、聚集与联合等现象,将孔洞、齿形边缘、透明等形态直接体现在建筑中,蜂巢、鸟巢、肥皂泡、岩石等在自然界中常见的事物都可成为模仿的对象。

② 形态仿生。

生物的形态有着功能上的要求,对生物形态中常见的中心性、辐射、卷动、褶皱、增长等方面进行模仿是建筑仿生的重要内容。中心性、辐射与卷动在花叶、海螺等动植物中常能看到。

③ 生态技术。

生态技术建筑是以计算机为中心的建筑设计、生产和使用过程,生态技术的发展与应用在建筑的使用与所处环境之间建立起交互的动态关系。

对建筑形态进行覆盖、脱离与消解等处理,其中的覆盖是将建筑部分或全部置于地下,带来形体轮廓的变异与界面表皮的弱化。也可通过建构系统室内环境的调节,弱化和改变建筑的传统外部造型。

消解也是通过对自身形态的弱化达到建筑与环境的和谐,与覆盖不同的是,消解通过柔化自己的建构系统来适应环境,或采用嵌入城市缝隙或自然肌理的方式与环境建立模糊的界定,达到难分彼此的和谐。

(4) 注重表皮材质与肌理

文丘里在《建筑的矛盾性与复杂性》中将建筑问题分解为空间问题和表皮问题,其指出在有限的空间之外,还有创造无限丰富表皮的可能。传统建筑中厚重的外墙成为建筑师进行变异的目标,一些当代建筑师或对表皮进行轻、薄、透的处理,使建筑有消隐感,或用人为的怪异图案或特殊材料装饰表皮,强调表皮的表现力,使质感成为建筑形态重要的表现对象,关注人对视觉的要求,唤醒人的触觉意识(详见第 3.3.8 节)。

建筑的变异是在对现代主义的批判中出现的一种建筑形态设计手法,在一定程度上激发了设计的活力,其开放性的设计理念对避免建筑教条性僵化有积极的作用。但同时要意识到,建筑形态变异对个性的强调和脱离背景的创造,虽然能带来一时惊奇的新景观,但要注意把握好分寸,只有经过时间的筛选,才能获得具有永恒魅力的美感。

3   形态构成方法

3.1   原型篇

几何原型是建筑形态的基础。很久以前,立方体、球体、锥体(三角锥、四棱锥、圆锥等)、方柱体、圆柱体等在建筑上就已有充分的表达,并结合功能、文化、审美和哲学思想方面的差异,为建筑形成了不同的地区与民族风格。而对这些几何原型的再认识、开发与研究,使之成为抽象的、变化丰富的几何形体,是在20世纪才真正开始的。

柯布西耶等早期的建筑师与设计师,在当时受以塞尚为代表的立体主义画派的影响,把对象抽象化、几何形化,并将点、线、面作为绘画表现的主题,与建筑的纯粹性相互呼应,开创了几何形的建筑造型研究。他们把几何原型还原为点、线、面,并看成组织形态、空间的基本要素,探索适应现代人需要的生活空间。"造型完美化""几何精神""精确和秩序是这个世界的基础"等理念被他们推向了极致。

在理解与认识几何重要性的同时,要认识到几何要素(轴线、网格、对称等)是一种主观控制。第二次世界大战后的城市规划模式几乎都是控制在几何形之下,形成了单一性的、僵化的、排斥其他多种因素的模式,反映出几何形强加在"秩序"之上的局限性。几何形虽是创造空间的要素,但也受制于其他因素(如社会经济、文化、材料、技术等),因此,有人提出了"几何之后",探讨排除"先入为主"的几何概念,甚至要打破几何的专制,以批判性的眼光认识几何,推进建筑形态和空间的发展。

3.1.1   轴线

1. 轴线的概念

《辞海》中关于"轴"的条目释义为"作为中心或枢纽"。轴起着支配作用,轴线是人类构筑与创造秩序的一种手段。《土木建筑工程词典》中对"轴线"一词的解释为:建筑群体或一幢建筑的布局中可分成对称或均衡两部分间的中线,是辅助建筑设计构图中的一种设想线。在建筑群体或单幢建筑中,有时可安排一条以上的轴线,表示布局中的主体或主要部分布置在其两侧的轴线称为"中轴线"。轴线的运用使建筑群或单幢建筑有重心感和均衡感,能够突出建筑群或建筑的主要部分。中轴线两侧的建筑则往往起衬托作用,使中轴线上的主体建筑更突出。

在单体建筑、群体组合、城市空间设计中,轴线往往是一种简捷而明确的构成手段,中、西方传统建筑群体以至城市规划中不乏优秀的实例。中轴对称是中国建筑的优良传统之一。

如图3-1所示,严整对称的轴线空间与建筑序列,充分体现了封建统治集团至高无上的皇权和宗法礼制所强调的等级理念、伦理道德、行为规范为一体的思想。图3-2中,天安门广场保持了北京故宫的中轴布局,东西两侧的人民大会堂、革命历史博物馆、国旗基座、人民英雄纪念碑以及毛主席纪念堂,构成了尺度宏大、气势雄伟的政治文化中心。法国古典主义建筑把轴线奉为至尊,在欧洲几何式园林中,轴线更是设计手法的主宰。强调中轴线来自于深厚的民族意念,反映了社会意识和技术组织的统一。轴线是秩序的一个范例,表现出自然界中并不存在的严整的、精确的对称。

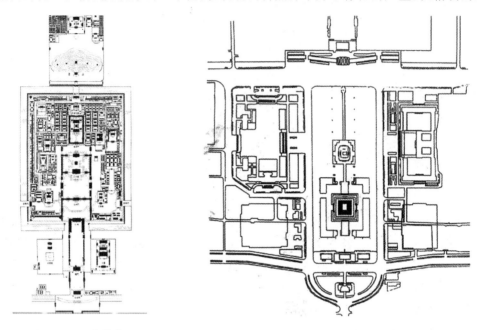

图 3-1　北京故宫　　　　　　图 3-2　北京天安门广场总平面图

2. 轴线的作用

1)定向

由于轴线本质上是线式状态,因此具有长度和方向性,并会沿着轴线的路径引导运动,展示景观。

2)支配

轴线是连接两点或多点的线条或单元,在相似性、多样性建筑形态和组合关系中,轴线是要将一种规划加之于空间,使之起支配作用。轴线的支配作用是建筑中的轴线及其系统一旦确定下来,便对建筑的整体起控制作用,既控制着当前形态要素的整体化,又控制着形态的演化方向和趋势。轴线的控制性还表现在对平面格局的系统控制上,即控制平面格局的生成,实现布局的有序化和条理性。

3)统一

组织空间的轴线能把多个要素组合在一起,形成相互统一的整体,并且常把这些要素与更大的整体联系起来。路易斯·康说:"秩序支持统一。"多要素的集合需要有秩序才能统一,轴线以其理性和秩序成为统一的恰当选择。

3. 轴线的形态

在空间中,人们的活动、注意力、兴趣被轴线的构架所左右,并加以强大的向心力使之沿既定方向形成明确与强烈的导向性序列,这样的轴线是有形的。在空间中,两点、多点暗示着视觉上的连线,或是视觉上的无限延伸,这样的轴线是无形的。轴线是断断续续、若隐若现的,它不是抽象的假设,也不会在建筑竣工后消失。轴线是人类的一种视觉经验、一种规划的手段与方法。在现代建筑设计中,其形态主要有如下六种(见图 3-3)。

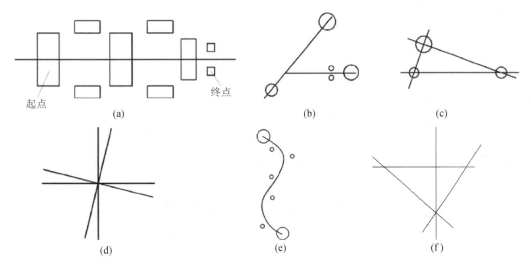

起点　　　　　　　　　　　　　　终点
(a)　　　　　　　　　　　(b)　　　　　　　　(c)

(d)　　　　　　　　(e)　　　　　　　　(f)

图 3-3　轴线的常用形式

(a)中轴对称;(b)轴线的转折;(c)轴线的呼应;(d)轴线的旋转;(e)曲折的轴线;(f)复合多轴

1)中轴对称

传统的对称构图或明确清晰的轴线强调对称性和向心性。

中轴对称是人们最为熟悉的一种对称形式,是以"中轴线"为基础,两侧施以同形、同量、同色的对称形象,是等形、等量的组合。对称形构成具有稳定、沉静、庄重、严肃、坚实的视觉心理效果和秩序美感。同时,由于其处于一种极端的平衡状态,表现出拘谨、保守、刻板的意味。对称性美学价值的根源在于:制约着大自然的数学规律是自然界中的对称性观念,而创造性艺术家心灵中的对数学观念的直接领会则是艺术中对称的根源,艺术中人体外形的左右对称性这个事实是一种附加的刺激因素。

对称性与轴线是一种人们试图用以领悟与创造秩序、美和完整性的概念。

以中轴线对称的建筑局部出现不完全对称的状态,整个建筑或建筑群在性质上依然是对称的,局部的变异并不会影响全局。轴线构图寻求局部变化,在原本形成对称的建筑中生成鲜明的空间效果。

图 3-4 为南京中山陵,陵园坐北朝南,傍山而筑,由南往北沿中轴线逐渐升高,依次为广场、石坊、墓道、陵门、碑亭、祭亭、灵寝。在空间序列中,从序幕通过开合、刚柔、舒展、急缓的展开,在期待气氛中达到高潮。再回首,极目远望,山河气势恢宏、意境深邃,开创了我国现代纪念性建筑的先例。图 3-5 为淮安周恩来纪念馆,该建筑采取南北走向的总体轴线,以瞻台、湖石、中心轴岛、纪念馆、广场等形成序列,严谨而庄重,加之建筑造型个性鲜明、细部精致,融传统与现代于一体。

2)轴线的转折

我国古典园林根据不同气候、地形、类型条件,采用轴线的偏折、错位、迂回等灵活手法,一方面使工程建设合乎实际条件而且经济便利,另一方面突出了重视自然美、崇尚意境、追求曲折多变,以及表现"虽由人作、宛自天开"的特点,与西方园林轴线严格对称、均衡布局的几何图案构图和强烈追求形式美的风格迥异。

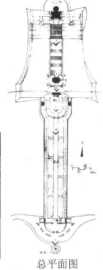

总平面图

图 3-4　南京中山陵

（吕彦直，1929 年）

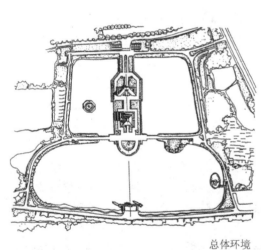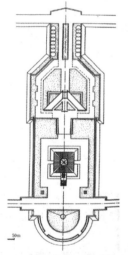

总体环境

图 3-5　淮安周恩来纪念馆

（齐康，1992 年）

通过轴线转折的方式,把城市景观或建筑中的各要素巧妙地贯穿于序列中,也是现代建筑常用的手法之一。

如图 3-6 所示,该建筑沿袭了启蒙文化的博物馆遗风,入口的圆柱大厅以轴线的转折连接了图书馆的剧场与展厅部分。沿河单体连续的外观,像个巨大的船坞,朝向城市的一面,类似中世纪的建筑物,延续着德国的城市历史。图 3-7 为圣马可广场,其被誉为欧洲的客厅,经历了长期的改造、增建,虽然建于不同时期,但形成的不规则的"L"形,与轴线的转折、入口广场的两根立柱、东端主体建筑及转角处的方塔结合,使广场的景观在空间中的过渡、主次和联系浑然一体。

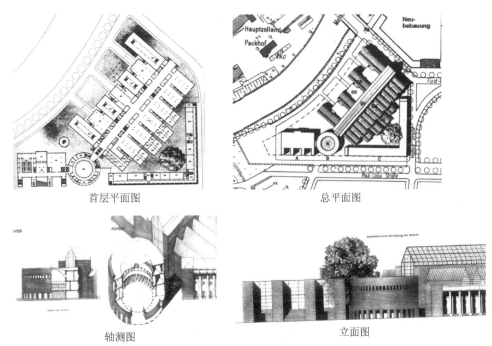

首层平面图　　　　　　　总平面图

轴测图　　　　　　　立面图

图 3-6　德国历史博物馆设计竞赛作品

(罗西,1988 年)

图 3-7　圣马可广场

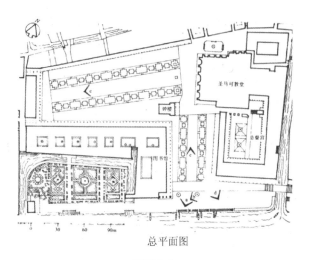

总平面图

续图 3-7

3) 轴线的呼应

除了使建筑空间具有方向感以外,轴线还具有把多个不同形态的空间串联起来的中介作用,使不一致的形体和各种形态的空间和谐共处,建立一种完整、统一的空间秩序。如不规则形的群体布置,为强调其逻辑结构,最有效的方式就是插入轴线。轴线能使建筑群产生秩序感,并使轴线外的建筑活跃起来。

轴线的呼应要充分考虑建筑与环境的和谐关系,顺应环境秩序,主要从宏观城市环境与基地环境两个方面入手。

(1)顺应宏观城市环境

城市是宏观的建筑群,表现出一定形态的城市具有自己内在的秩序、组织结构和布置方式。单栋建筑作为构成城市的细胞,对城市内在秩序的保持有直接影响。每幢新建的房屋都不能是独立偶然的,不能只考虑自身的需要,而应从宏观环境出发,将构成城市机体统一的布局思想贯穿到每一幢建筑中。图 3-8 中,清华大学图书馆的新馆与老馆及大礼堂的主体地位通过轴线的转折、主体

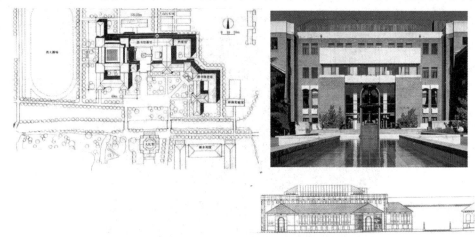

图 3-8 清华大学图书馆新馆

(关肇邺,1991 年)

西移,分散了体量,保持了群体的协调,延续了建筑历史文脉。图 3-9 中,该城市中心的轴线关系由 1912 年格里芬获奖规划方案所确立。主轴线两侧不完全对称,室外空间尺度的不断变换、车流与人流的明确划分、自然与人工环境相互渗透。长达 3.6 千米的主轴线以及空间体系中主体建筑的两片曲墙与放射形大道相呼应,形成了体现国家特征的观念。

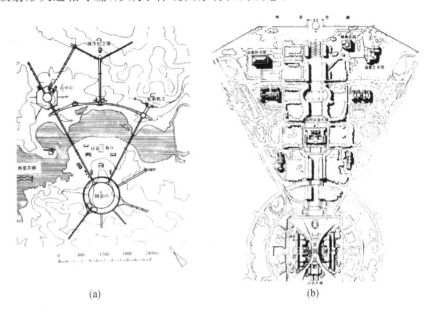

(a)　　　　　　　　　　　　　　(b)

图 3-9　堪培拉城市中心

(a)堪培拉中心区;(b)堪培拉议会三角区总平面

　　建筑设计应从城市宏观环境出发,使城市空间与建筑空间整体统一,并与局部变化有机结合,强调整体统一意味着构成宏观环境的建筑细胞拥有整体的秩序。轴线的宏观环境构思思路表现为以城市脉络为出发点,使建筑形态反映出城市秩序,如城市的网格秩序,城市景观轴线、交通轴、历史轴等,体现建筑生成的有机与有序。图 3-10 中,一条约 3.5 千米长的东西轴线和较短的南北轴

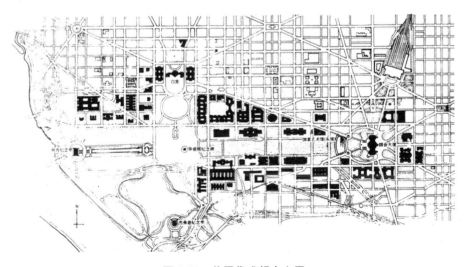

图 3-10　美国华盛顿中心区

线相交,结合西南方向的波托马克河的自然景色,形成了气势宏伟、环境优美的首都中心区。东西轴线的东端是以国会山上国会大厦作为对景,而在这两条轴线的交叉点处耸立着的华盛顿纪念碑,控制着整个中心区的空间。

（2）基地环境

基地环境是建筑的外部空间,直接影响到外部环境的完整及总体环境的品质。建筑可以从基地环境中吸取其脉络精神,形成自身的秩序和结构,基地环境也会因建筑的出现而获得新的形态意义。一个优秀的设计应能在建筑与基地环境之间达到默契,使两者能互相配合,相得益彰。

建筑与基地环境建立联系时可借助一些引发线、对位线、基准线而形成设计轴线,控制建筑图形的生成与演化。基地环境中可以引发轴线的因素主要有基地周围道路中线、相邻建筑或其入口的主轴线、广场轴线、基地附近景观要素或标志物的对景线、视线、自然地形的呼应线等。

轴线充分对位能够更好地相互呼应,寻求和建立建筑间的轴线对位关系,协调形态之间的关系,加强形态的整体性。如图 3-11 所示,设计者根据基地的特定条件,为了与西馆取得协调,相互呼应,将基地切割成一个等腰三角形和一个直角三角形,通过轴线的关联,组成具有明显特征的建筑平面。东馆的等腰三角形的中轴线与西馆的中轴线相对应,使新建筑成为原有环境的视觉延伸和空间延续,建立了和谐的新环境。

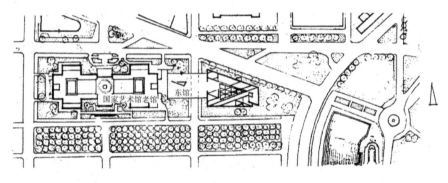

图 3-11　华盛顿国家美术馆东馆总平面图
(贝聿铭,1978 年)

4）轴线的旋转

与轴线对称严谨、稳定的形式相对应,轴线旋转的建筑群体组合在构图上具有视觉冲击力。旋转产生一种多轴线方向变异,使相互间的对比和冲突大大增强。

如图 3-12 所示是在为日本历史名城奈良会议厅举行的国际设计竞赛中获一等奖的矶崎新设计的方案。这个方案通过轴线的旋转,非常自然地将会议厅与总平面融合在一起。图 3-13 中,学院的总体设计把建筑与环境的结合放在了重要的位置上。设计师十分巧妙地运用轴线控制建筑物的几何形体,并以此建立起了新建筑与原有环境的关系。图 3-14 中,设计师将圆形国际会议厅、圆形宴会厅的中轴线对位于纪念碑中心,形成一个完整三角形的轴线对应关系,取得新老建筑的协调,既突出建筑主体,又加强了城市设计的整体性,提升了建筑的环境。图 3-15 中,该建筑兼顾城市与校园两种肌理,设计时运用了两个扭转 12.25° 的轴线,分别代表城市与校园,形成动态空间。加上白色透空架子的导向,使主轴线无限延伸,加强了空间的动态,辅轴与校园肌理相一致。图 3-16 中,该研究中心占地 7.5 公顷,三面邻街,有五座建筑(其中两座为 1894 年建的圣母教堂,一座为基督教科学辅助楼),通过长 204 米、宽 33 米的浅水池,广场起点的圆形喷水池,半圆形的树篱,以及强烈的轴线与周边新旧建筑均匀而协调的布局,组成了一处庄重且具有强烈节奏感的城市节点。

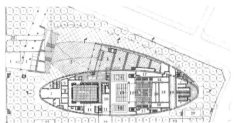

图 3-12 奈良会议厅

(矶崎新,1992 年)

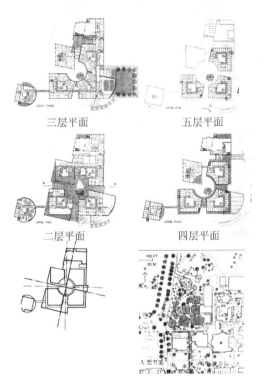

三层平面　　　　五层平面

二层平面　　　　四层平面

图 3-13 美国加州大学安德森学院

(H.考伯,1995 年)

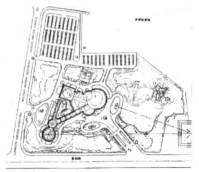

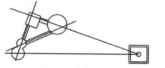

图 3-14 埃及开罗国际会议中心

(魏敦山,1988 年)

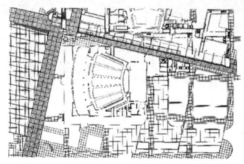

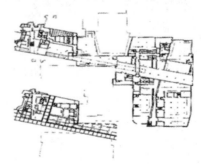

图 3-15 俄亥俄州立大学韦克斯纳艺术中心

(P.埃森曼,1989 年)

5) 曲折的轴线

在单轴线的建筑群体组合中,还有一种不对称的自由或自发的组合方式,建筑的各要素沿轴线采取一种较为均衡但不对称的形式布置或发展。如沿一条道路发展起来的村庄,因为它是沿轴线自由发展起来的,所以极具自然性。在这种情况下,轴线不一定是直线,它可以弯曲、转折,但依旧是控制建筑各要素的关键。

在非对称的组合方式中,路径与轴线往往区别不大,例如,凯文·林奇把路径定义为"观赏者习

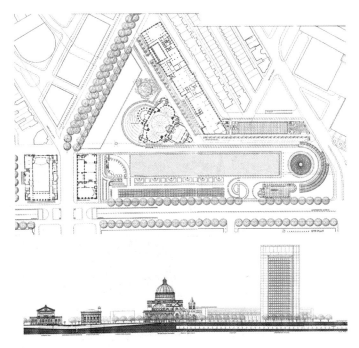

图 3-16　波士顿基督教科学研究中心
（贝聿铭）

惯地、偶然地或者可能沿之移动的通道"，一个理想的移动和组织轴线不仅是为了实际活动，而且是
一种象征性的方向，是为了将部分元素单一化，并将多种元素群联系成更大的整体。如图 3-17 所
示，明孝陵的布局打破了传统陵墓建筑轴线对称的严谨形式，运用一条弯曲转折的轴线把陵墓建筑
的门、亭、石像生、桥等诸要素结合自然地形有机地贯穿在一起，既达到纪念性的效果，又显得灵活
多变，是与环境结合得较好的典型例子。

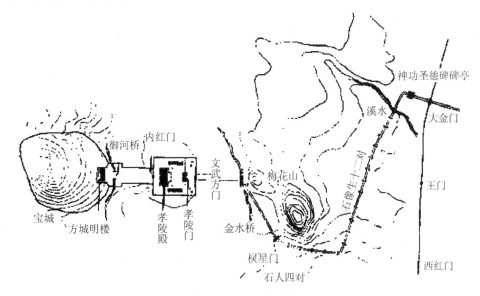

图 3-17　南京明孝陵

6）复合多轴序列

传统建筑中多采用对称轴线,而现代设计中常见灵活、不规则的平面布局,多方向、多体量、多轴线的手法造成了错落有致、纵横交错、变化丰富、生动活泼的艺术效果。多轴线的复合,通过空间的大小、等级、形体的开合、明暗的对比、重复再现、衔接过渡、渗透与层次、引导与暗示等丰富的处理手法,形成变化、连续的动态空间,引导与控制观察者,给予其丰富的空间体验,充分表达设计意图。如图 3-18 所示,该艺术中心依山而建,掩映在山坡之上,总体布局上有丰富的视觉轴线和室外、半室外空间。

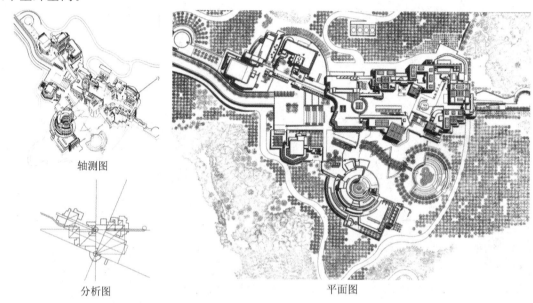

轴测图

分析图

平面图

图 3-18　洛杉矶盖蒂艺术中心

(R.迈耶,1998 年)

4. 轴线的起点与结束

由于轴线本身是线性状态,具有无限的长度和两个方向,可以引导人们沿轴线运动和观赏。在一个有界限的空间中,轴线必须以两个端点为其界限,这种为轴线限定两端界限的端点就是沿轴线进行群体组合的"对景"。对景是轴线开始与结束的最常用方法。

轴线的对景可作为视觉延伸的出发点或者接收点,它可以采取以下几种形式。

① 由垂直的、线式的要素和集中式建筑形式在空间中建立的点,如塔、碑、雕塑、单幢的点式建筑等。

② 垂直面,如对称的建筑立面、正面有前院或类似的室外空间。

③ 良好的界定空间,通常是集中或有规则的形式。

④ 视野开阔、深远的门洞。

对景与轴线可以限定一个界限良好的空间,可以组合成一组完整的建筑群体。对景既是一个空间的终结,同时又可能是另一个空间的延续。通过轴线的引导作用,对景可以标志着下一个连续空间的开始。轴线本身就是一种符号性的引导,可以加大空间的外延。中国传统园林建筑中,常用对景的手法来引导人流,转折轴线,暗示空间的延续(见图 3-19)。

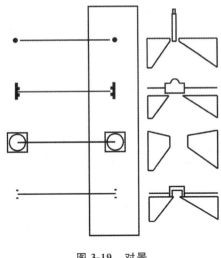

图 3-19 对景

3.1.2 网格

1. 网格的特征

人们往往会从自然界中发现许多网格(grid),英语中将其解释为格子、网络、地图上的坐标方格等。在汉语中"网"的本意是一种绳线结成的捕鱼器具,通指像网一样的东西或组织;"格"是指一种带有边框的形状,引申为标准、法式之意。网格是一种包含一系列等值空间或对称尺度的空间体系,在形体、形式和空间之间建立起一种视觉和结构上的联系,如形式和空间的位置及其相互关系可以通过三维网格来限定。

网格的构成特征来自于所有要素之间规则性的重复和连续。大小、形体或功能不同的空间,可以通过网格建立起连续的秩序或参考区域,从而产生普遍联系。网格是一种秩序的图式,表明了事物部分与部分、部分与整体间的内在关系,并具有整体性、转换性和自我调节性,其秩序化的属性包括两方面的含义:一是网格本身就是由一系列元素(点、线、面)所构成的秩序结构;二是指网格形式对其他形态的秩序构成起着积极的作用。

现代建筑大都采用正交直角的笛卡儿坐标网格状空间作为理性和逻辑的标志,这是一种秩序性、合理性的符号。后现代主义则在非理性网格的基础上,加以旋转、切片、变形、肢解(残缺)等变化。

2. 网格的表现形式

网格在建筑中的表现形式大体上有以下几种。

1) 点网

点网通常由建筑造型中一些相对细小且分离的造型元素以规则的间距排列而成,如立面上的小窗、吊顶上的筒灯、平面中的柱子等,这些元素本身的尺寸小于相互之间的距离,单纯、规整,有较强的韵律感(见图 3-20)。

2) 线网

线网在建筑造型中较为常见,其构成要素主要有建筑中的结构构件、饰面拼缝、装饰线脚、城市中的路网、立面网格图案等。现代建筑内部的开放式框架也可以视为线网的一种表现形式,这种建筑处理手法可以产生丰富的视觉空间层次(见图 3-21)。

(a)   (b)

图 3-20　点网

(a)北京人民大会堂的天花板;(b)某展馆入口

图 3-21　日本大阪地方建设厅

(坂茂,1999 年)

3) 面网

当构成网格的格子单元作为一种正形出现时,就表现为面网,建筑中的面网多是通过材料的色彩或质感重复再现构成的,在立面、铺地、屋顶上都有着极强的装饰效果(见图 3-22)。

4) 空间网

一般来说,建筑中的空间网是梁、柱等线形构件在三维空间中联结形成的框架,空间网的开放性削弱了它所限定的空间的存在感,具有模糊性,常被作为空间过渡的终结,可丰富建筑造型,加强虚实对比(见图 3-23、图 3-24)。

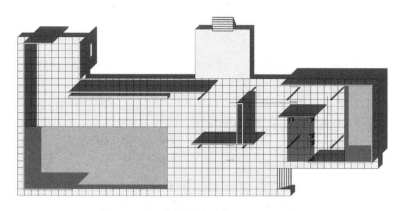

图 3-22 巴塞罗那博览会德国馆平面图

（密斯·凡·德·罗，1929 年）

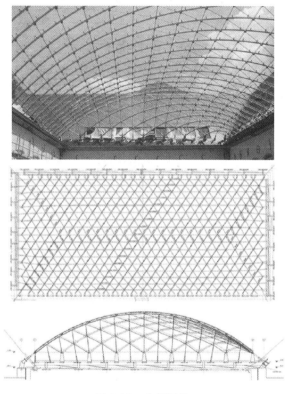

图 3-23 空间网格

3. 网格的作用

建筑中网格形式的基本作用分为内外两种，网格的内在作用表现为对建筑形态构成的控制作用，包括定位和度量；外在作用则是对建筑造型在视觉与心理上的影响，有装饰和表意的效果。

1）定位与度量

定位就是确定位置，在建筑中只有通过坐标定位，将建筑物的位置确定下来，才能研究它与周围环境的关系。网格的定位作用在于它能将外界事物转换进自身稳定的结构组织中，使之在与网格结构中固有元素的相互参照中获得存在地位。所以网格中的点、线、面、空间都是定位的依据。

图 3-24 美国国家美术馆东馆天棚

度量即测量,目的是确定形态的大小和相互之间的距离关系。由于网格形式本身具有某些恒定的尺寸单位和倍数比值(如同一把标尺),因此有助于建立建筑空间的协调比例关系。

2)装饰

网格的装饰作用来自于本身外在形象的图案特征,其作为一种制作方便、逻辑明确、条理清晰的几何图案,自古以来就被广泛应用于建筑装饰之中。

建筑的艺术表现是符号化了的人类情感形式的创造,人们用符号表达某种象征、隐喻,开拓建筑形式的新意境。抽象的网格形式,在与人类社会生活和历史文化等内容发生关联后,便具有了联想的价值和象征的意义,能够传递信息、交流思想,表达人类的情感和愿望。

4. 网格的制约因素

建筑是多种矛盾共存的综合体,产生及存在要受到诸多因素的影响。网格在对建筑实施建构的过程中,其形式的选择和作用的发挥也必然受如下因素的综合影响。

1)社会文化

社会政治经济制度和组织管理方式直接影响着网格形式的产生和演变。例如,我国的"井田制"导致了一种聚居模式的产生,而这种聚居模式进一步演化,便形成了中国古代不同时期以方格网为基本骨架的城市型制(见图3-25)。

2)功能技术

建筑中的功能常常可以分解为若干个功能单元,这些功能单元决定了网格单元的形状和尺寸。在建筑中,人的使用要求和物的尺寸都是决定网格形式的主要依据。网格的形成同时也受到建筑结构技术的影响,新的技术会引发新的网格形式的出现。

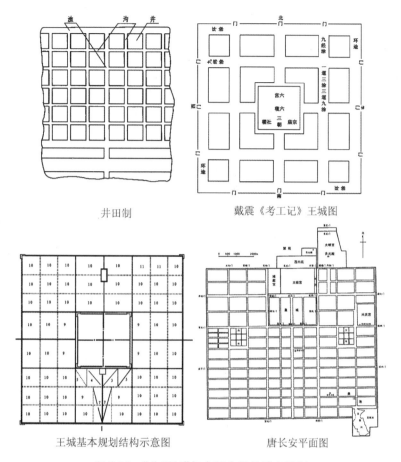

井田制　　　　　　　戴震《考工记》王城图

王城基本规划结构示意图　　　唐长安平面图

图 3-25 "井田制"与中国古代的城市型制

3）环境文脉

建筑总是存在于一定的环境之中,环境文脉日益成为全球建筑师关注的焦点,这里的环境不仅包括自然环境,还包括人为环境和社会文化环境。

4）主体意识

不同的建筑师,由于所处时代背景的不同,他们的思想认识和审美情趣有所差异,从而形成了各自对建筑形式的独特理解和偏爱,导致他们在创造建筑形式时带有很强的个人色彩。因此,建筑中网格形式的选取、构造及应用便受到建筑师创作观念的制约。

综上所述,一个具体网格形式的确定,必然受到各种主、客观因素的影响,对不同的设计而言,各种影响大小不一,强弱有别,只有深入剖析,具体对待,才能在恰当的网格上建构出完美的建筑作品。

5. 网格的类型

依据构成网格的线或格子单元的形式,可将网格划分为规则式和不规则式两类。规则式网格是从自然中抽象出来的,构成要素具有几何形的严整性,构成组织也遵循严格的数学规律,并且其整齐、稳定和明晰的理性关系更容易被人们把握和运用,从而成为创造建筑形态的一种主要形式。不规则的网格,其构成要素多为自由的线或形状各异的格子,整体组织无清晰的规律,存在于自然形态中的网格多属此类。建筑设计中探讨的大都是规则性的几何网格。

规则性网格又大致可分为结构网、模数网和构图网三种类型。

1）结构网

结构网又称承重结构轴线网,是由承重结构组成的,最为常见的结构网形式是柱网。方形柱网最为经济合理,适用面广;三角形柱网个性鲜明,结构稳定;正六边形柱网创自于蜂房,简洁经济,效果异乎寻常;放射形柱网表现出的强烈的向心性,有利于突出建筑的中心感。而且,规整的结构网并不意味着空间的单调乏味,建筑师可以在固定结构网中根据功能要求和造型需要,灵活划分空间(见图 3-26)。

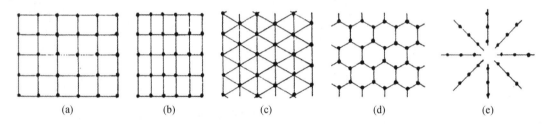

(a)　　　　　(b)　　　　　(c)　　　　　(d)　　　　　(e)

图 3-26　常见网格形式

(a)正方形;(b)矩形;(c)正三角形;(d)正六边形;(e)放射形

2）模数网

当一个网格的各项尺寸符合一定的模数时,就称为模数网。模数网实际上就是一套坐标系统,起定位和度量作用,如图 3-27 中的盒子住宅就采用了合适的模数网,以尽可能少的构件类型组合出丰富多彩的平面形式。

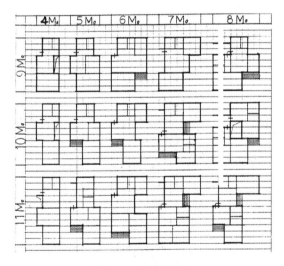

图 3-27　盒子住宅

3）构图网

构图网是指建筑设计中用来综合安排各种造型元素的网格,有时又称之为布局基线网。柯布西耶在《走向新建筑》一书中说道:"控制线是反对任何任性的保证……,它带来了数学中的抽象形式,提供了规律的稳定性。一条控制线规定了作品的几何性,它是为了达到一定目的的一种手段。"法国建筑师迪朗一直尝试以网格作为构图的根源,使得所有可能的建筑形式得以产生。从瑞士建筑师博塔所设计的一系列小住宅中可以看出,其平面、剖面的构图原则像古典建筑一样常常是一些确定、调整基本元素的"九方问题"（见图 3-28、图 3-29）。

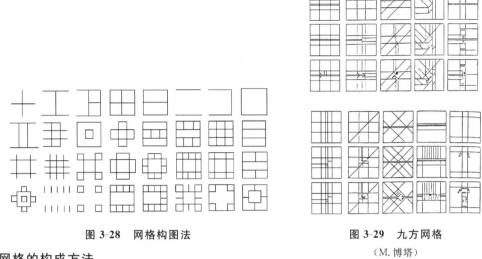

图 3-28　网格构图法　　　　　　图 3-29　九方网格

（M. 博塔）

6. 网格的构成方法

1）加减法

在网格形式控制下进行的加减构成，是依据网格线增加或移去网格单元，由于网格自律性的制约，生成的平面仍具有严格的规则性和逻辑感。不同部位的加减可用于限定入口、适应场地、丰富造型，并利于今后的扩建和发展。

（1）加法

以网格线为基准增加的功能单元可形成弹性生长的规则体系。由于发展的部分与原有网格密切相连，因而既加强了各部分的联系，又易于形成有机的统一体。清晰的生长脉络使分期发展的各个阶段形成相对完整的空间层次，扩建时可避免对已建区域的干扰。如图 3-30 所示，生长体系是一种在适应图书馆不断扩建时有利的构成方式，即采用一个单元拼接方式，可以使结构、设备管道垂直，交通达到一体化的要求，并保持内部功能的合理性。

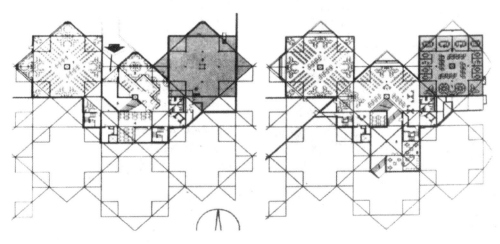

图 3-30　按生长体系设计的图书馆

（2）减法

在基本网格基础上,运用网格减法移去或削减某些部分而产生新形式,也可以在由规则的网格系统所形成的实体空间中,抽取若干模数单元以形成内院或中庭,体现出内外空间的交融(见图3-31、图3-32)。

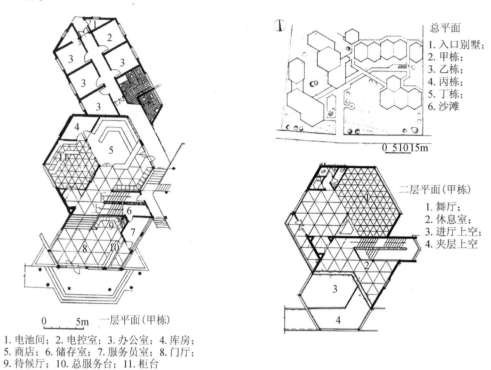

0   5m   一层平面(甲栋)

1. 电池间；2. 电控室；3. 办公室；4. 库房；
5. 商店；6. 储存室；7. 服务员室；8. 门厅；
9. 待候厅；10. 总服务台；11. 柜台

总平面

1. 入口别墅；
2. 甲栋；
3. 乙栋；
4. 丙栋；
5. 丁栋；
6. 沙滩

0 51015m

二层平面(甲栋)

1. 舞厅；
2. 休息室；
3. 进厅上空；
4. 夹层上空

图 3-31   某小型招待所

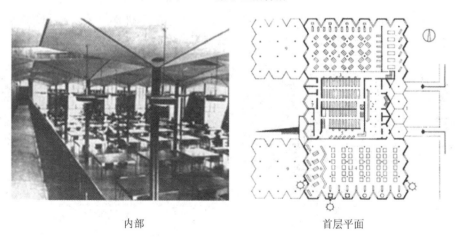

内部   首层平面

图 3-32   法国鲁昂法律文艺学院图书馆

2) 变奏法

网格是从基本几何形的重复中发展而来的,而几何形的重复,就是把几何形多倍数重复地组合、分割和灵活运用。重复是网格的基本特征,网格单元布局重复排列能产生强烈的统一和秩序感,但也容易显得过于整齐划一。因此,一些对网格进行变奏处理的设计,可以增强网格艺术的活力(见图 3-33、图 3-34)。

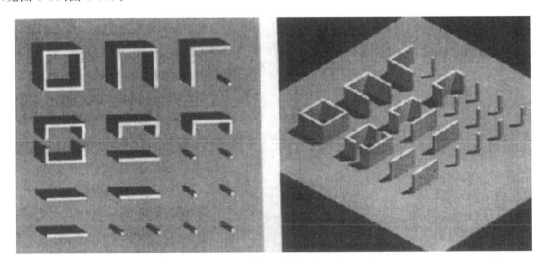

图 3-33 网格中空间围合的变奏

图 3-34 日本东京国际会议中心

(R.维诺拉,1996 年)

3)旋转法

旋转法是将网格的整体或一部分围绕某个中心旋转一定角度,常用的旋转角度有 30°、45°、60°,也可以是任意角度。网格旋转包括单一网格的旋转和复合网格的旋转两种形式。

单一网格的旋转指网格的一部分相对于原有整体或整体相对于基地的方向改变。这种做法既强调了旋转部分,又增加了基本形态的情趣。复合网格的旋转是指两组或多组网格相对旋转成一角度,由此建构的空间形态兼具各组网格的特性,加之充分利用结构技术提供的可能性,可以创造出富于变幻的空间意境,如图 3-35~图 3-40 所示。其中,图 3-36 中,方形网格旋转 45°,产生的二元对立物打破了建筑内部的单纯秩序,造成了强烈的空间张力。图 3-37 中,大大小小的建筑都限定在一个正交的网格中,网格旋转了 25°以顺应周围的街道以及从旁流过的通惠河。这种旋转让公寓塔楼高低错落(离河水越远的建筑越高),充分利用了基地,并使每幢公寓都能享受到充足的阳光。图 3-38 中,路易斯·康设计的美国布瑞安·毛厄女子学院学生宿舍,采用了整体旋转网格的手法,三个套接的正方形建立在大小相同的模数网之上,与基地成 45°斜置。这三个套接旋转的正方形,形成了丰富而有趣的空间形象,被评为"空间之中有空间"。

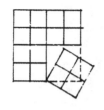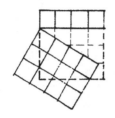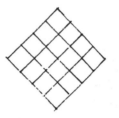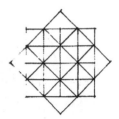

图 3-35　网格的旋转

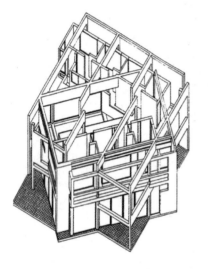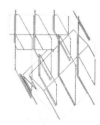

图 3-36　艾森曼 3 号住宅

(P. 艾森曼,1979 年)

SITE PLAN总平面图

图 3-37　北京建外 SOHO

(山本理显,2004 年)

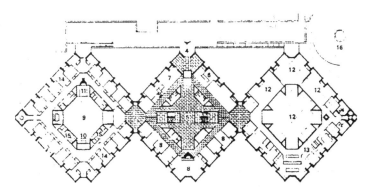

图 3-38 美国布瑞安·毛厄女子学院学生宿舍

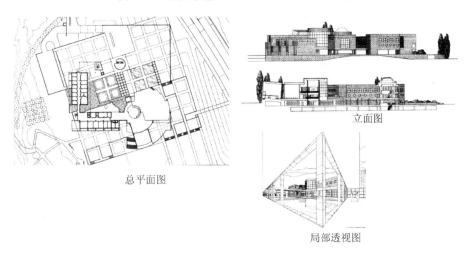

总平面图

立面图

局部透视图

图 3-39 某高等法院设计竞赛作品

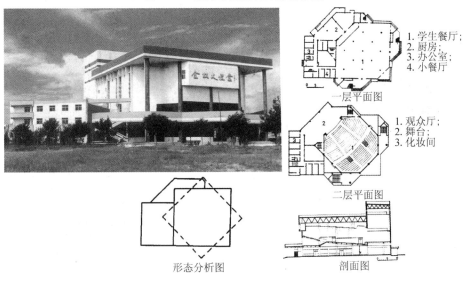

1. 学生餐厅;
2. 厨房;
3. 办公室;
4. 小餐厅

一层平面图

1. 观众厅;
2. 舞台;
3. 化妆间

二层平面图

形态分析图

剖面图

图 3-40 开封大学学生餐厅、礼堂

(顾馥保,1994 年)

4)层叠法

层叠是指两种或两种以上的网格层层叠加,相互交错、渗透而建立起组织关系,共同对建筑平面起构成作用。经过层叠,能产生一种更复杂的复合网格形式,为建筑平面层次的增加、比例的调整、视觉效果的丰富提供了更大的可能性。在网格构成法中,旋转往往与层叠同时应用。如图3-41所示,克莱斯勒大厦顶部的圆弧拱造型依靠网格层叠来精确定位。

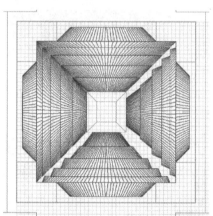

图 3-41　克莱斯勒大厦顶部的圆弧拱

3.1.3　单元组合

在基本形态学中,单元是指重复的、较小的形体,被作为基本单元所设计,以形成一个较大的形体。单元是这种重复组合中最基本的组成元素,又被称为"母题"。

单元是进行创作的原始切入点,并且是可以被明确识别的组成体。由单元的重复、变化而生成的建筑整体,具有鲜明的形象特征。

单元组合可以通过多种形状的基本形来完成,如正方形、三角形、圆形等,由这些基本形又能衍生出许多基本母题(见图3-42)。

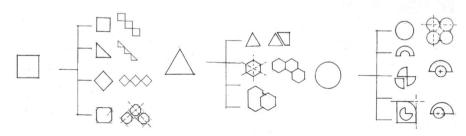

图 3-42　单元的基本形及衍生

单元组合一方面在一定程度上是出于设计和功能的需求,另一方面也是为了满足审美和精神等方面的需要,在特定的历史条件下,又成为一种制度和传统的需要。

1. 特征

1）简化功能相似和组织复杂的空间

自然界中最基本的秩序是由"重复"来形成的,"重复"是组织艺术中最原始、最基础的手段,几乎出现在一切建筑中,建筑内部空间和布局的重复是更高层次的空间组织艺术——单元空间的重复。单元空间是简洁的,它的重复却能给建筑带来丰富的形式和复杂的空间。

许多博览建筑通常采用单元空间的重复和组合给人们营造怀旧氛围,具有很强的历史意义和情趣。

2）使建筑空间秩序易于建立

单元空间可以通过重复和组合表现出强烈的秩序和理性,引发人们精神上的共鸣,成为人们的精神场所,这种意义往往体现在严肃的公共建筑上,如公墓建筑等。

3）有利于建筑规模扩建

单元组合具有一定的功能意义,其意义体现在这种空间组合方式有良好的适应性,对于任何类型的建筑都有效,并且利于改建和扩建。

单元组合的构成手法使建筑具有可生长性和可再生性,能够与自然建立和谐共生的关系,建造过程节能、简便、省时,具有生态意义。

4）审美意义和时空意义

单元创造出各种以重复为特征的美的形式——韵律美,包括连续韵律美、渐变韵律美、起伏韵律美和交错韵律美等。

单元组合可以将时间因素注入三维设计中,赋予建筑空间以运动和变化,使人在空间中体验到时间的转换。

5）生成意义

通过研究点、线、面等基本元素不定的组合、分离、相交、相异、凝聚、分散等各种生成关系,可使设计过程理性化、逻辑化。

对于初学者来说,单元组合是最简单也是最为常用的建筑形态处理手法,从空间出发,认识单元空间重复组合的组织方式,对提高设计能力会有一定的促进作用。

2. 基本模式

从空间构成的角度可以将单元组合基本模式分为三类:一维组合、二维组合和三维组合。

1）一维组合

一维组合也称线式组合,是将若干单元按一个方向进行组合,有并列式与带状式两种组合方式（见图 3-43）。

（1）并列式

并列式指单元并列放置在一起,可有一定间隔,也可没有间隔,单元的排列方式在一个方向上进行。

图 3-44 中,某联排式住宅由六个线性单元空间并列相接在一起,展示出"模数化"的特征。图 3-45 中,并列式单元体重复排列,表现了空间的连续性。

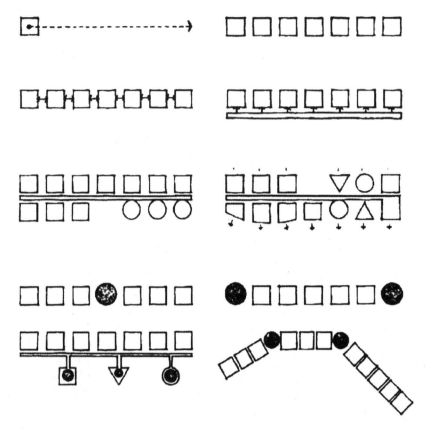

图 3-43 一维单元组合示意图

平面图

图 3-44 某联排式住宅

（2）带状式

带状式指单元在一条带状空间上进行排列组合，是线性构图，线本身的形式是多变的，有直线、曲线、折线等，有很强的适应性，可以根据不同的地形条件形成不同的形式。这种组合模式把重点放在线和运动上，所包含的内容中最关键的问题是通道和方向（见图 3-46～图 3-48）。

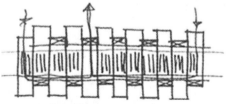

设计师的草图

图 3-45 阿普利克斯工厂

平面图

图 3-46 德国汉堡办公建筑

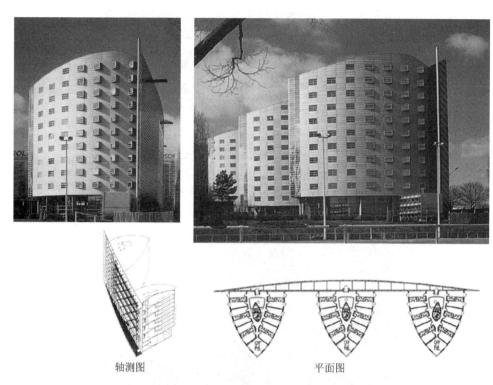

轴测图　　　　　　　　　　平面图

图 3-47　库瓦赛大学学生公寓

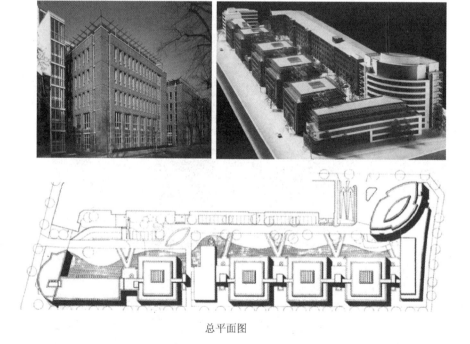

总平面图

图 3-48　柏林 ANTHROPOLIS 办公楼

2）二维组合

二维组合是将主体单元在一个平面上以两个或多个方向进行组合。二维组合以一维组合为基础,单元体的组合比一维模式更为多样化,主要有邻接式、分散式和网格式三类(见图 3-49)。

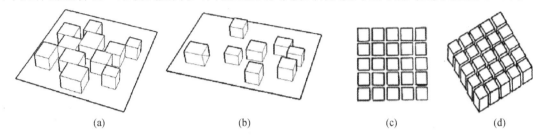

(a)　　　　　　　　(b)　　　　　　　　(c)　　　　　　　　(d)

图 3-49　二维组合模型示意图

(a)邻接式;(b)分散式;(c)网格式

（1）邻接式

邻接式是单元组合中最基本的一种模式,出现在各类组合模式中。二维邻接是单元在同一个平面内,通过一个或多个面对面或边对边的完全接触或不完全接触集合而成的组合模式。由相同单元的完全接触形成的组合具有明显的特点,组合以后的两个或多个单元构成另一个更大的单元体(见图 3-50～图 3-53)。

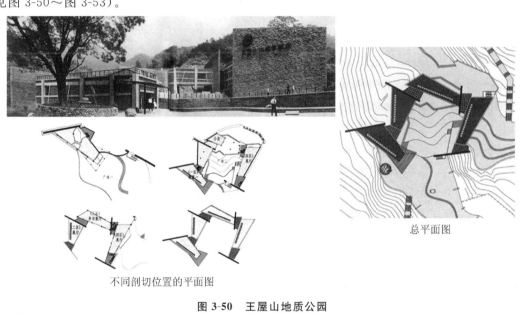

不同剖切位置的平面图

总平面图

图 3-50　王屋山地质公园

平面图

图 3-51　蚌埠玻璃设计院幼儿园

1. 门厅；2. 书库；
3. 阅览室；4. 办公室
平面图

图 3-52　日本某学习院图书馆

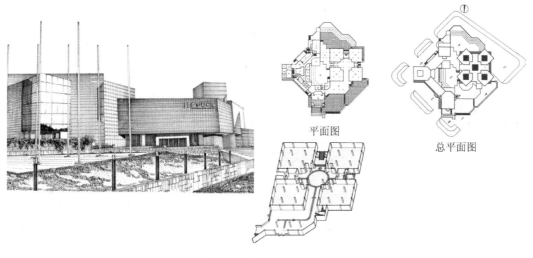

平面图

总平面图

图 3-53　广东美术馆

(伍乐园, 1997 年)

（2）分散式

分散式涉及空间和形体的组群,没有确定的模式,是以空间和集中组群安排的关系为基础的。所有的单元,不论是形体还是空间,在同一个平面中彼此靠近,但不相互接触,它们之间的关系往往看似没有规律或不相关,在空间和形体的表达上突出随意性和偶然性。在这种组合模式下,单元体之间通过"场"的能量紧紧地凝聚起来,如图 3-54～图 3-57 所示。其中,图 3-54 中,雅虎园的基地被四车道分成不等的两块,为使各标准化的办公楼建立起视觉上的统一,结合内部办公、公共活动、中厅、平台、健身房等与外部的绿地室外运动场所等进行规划设计,将四座"单元式"的设计重复运用在建筑群中,为长时间在办公室的上班族创造一个全新的充满活力的工作环境。

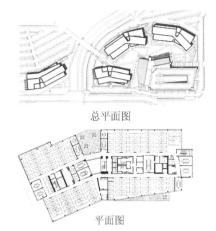

图 3-54　雅虎园

（美国，加利福尼亚）

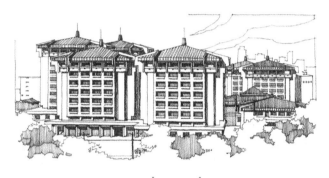

图 3-55　杭州黄龙饭店

（程泰宁，1986 年）

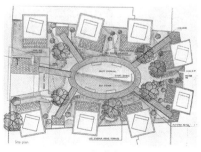

图 3-56　瑞典住宅

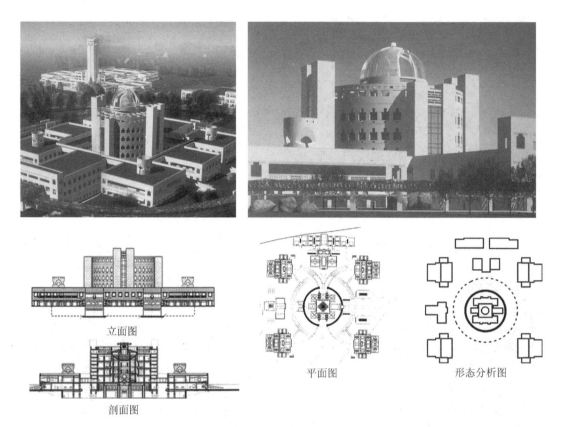

立面图

剖面图

平面图

形态分析图

图 3-57 印度商学院

（3）网格式

网格式二维组合是最规整、秩序性最强的组合方式，也是建筑单元组合中常用的一种模式。"网格"可以理解为从基本几何形的重复中发展出来的一种重复的方式，是把几何形多倍数地重复组合、分割和灵活的运用，即由一个规整的正方形、矩形、三角形或多边形的基本网格单元重复组合得来（见图 3-58）。

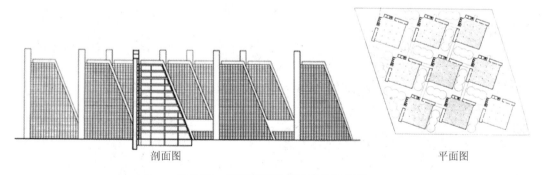

剖面图

平面图

图 3-58 美国学院生命保险公司总部

3）三维组合

三维组合是将单元体同时在水平方向和垂直方向上进行重复和变化，是在一维组合和二维组合基础之上形成的，其所形成的空间和形体更为丰富和复杂。

3. 构成方法

1）对称

相同或相似单元的对称，给人稳重、均衡的感受。轴线对称或中心对称的单元的组合，可以限定出建筑的轴线。很多著名建筑都通过对称达到了完整统一（见图3-59、图3-60）。

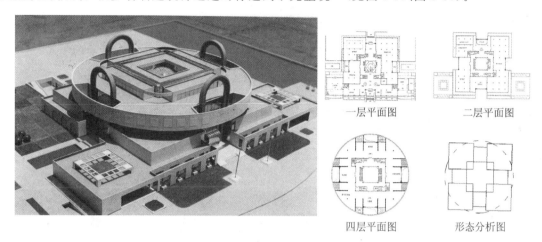

一层平面图　　　二层平面图

四层平面图　　　形态分析图

图3-59　上海博物馆

（邢同和，1996年）

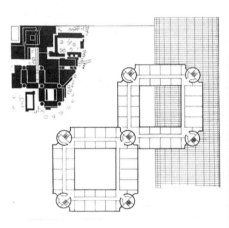

图3-60　香港理工大学

2）交错

交错是将单元按照一定规律在二维平面或三维空间中交织穿插设置，表现出有组织的变化，富有节奏感和韵律感（见图3-61～图3-63）。

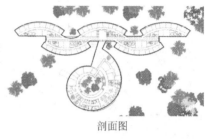

剖面图

图 3-61 某办公楼

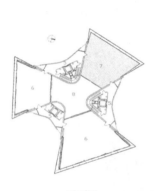

平面图

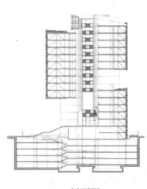

剖面图

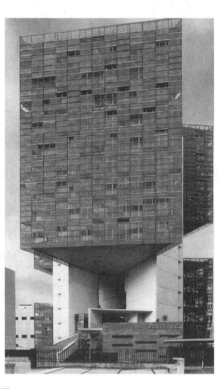

图 3-62 墨西哥立方塔

(E.C.毕诺斯/J.A.安德鲁,2003 年)

3）组团

组团是将功能上类似的空间单元按照形状、大小或相互关系方面的共同视觉特征,构成相对集中的建筑空间;也可以把不同的空间,通过紧密的连接和轴线控制等手段构成组团。组团式构成具有连接紧凑、灵活多变、易于增减和变换组成单元而不影响其构成的特点。图 3-64 为包豪斯研究的九个正方形单元的不同组合方式。

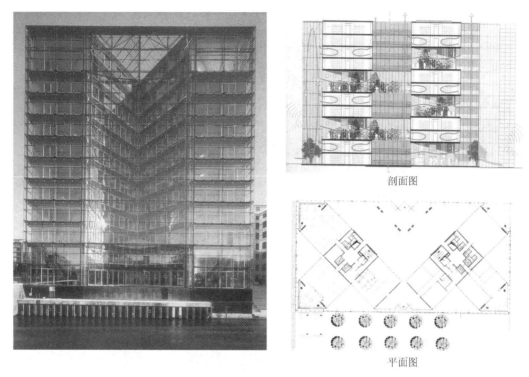

剖面图

平面图

图 3-63 赫尔辛基萨诺马大楼

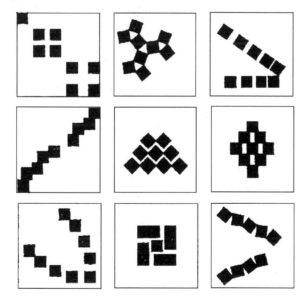

图 3-64 单元组团

4）旋转

旋转是使一个或几个单元围绕一个中心运动,可以有一个或多个旋转中心(见图 3-65～图 3-67)。

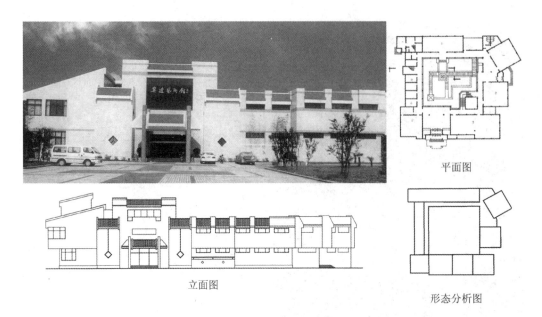

平面图

立面图

形态分析图

图 3-65　郑州升达艺术馆

(顾馥保,1998 年)

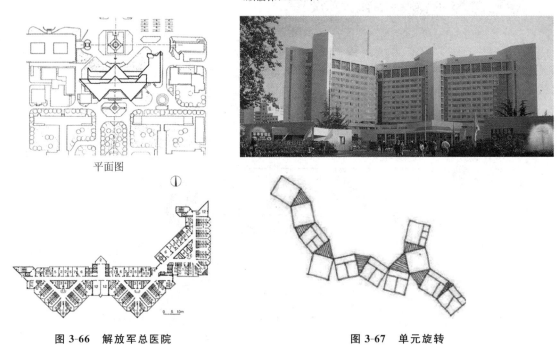

平面图

①

图 3-66　解放军总医院　　　　　**图 3-67　单元旋转**

5) 相似与变形

相似与变形是用改变单元空间大小、比例、方位、数量的方法,形成近似单元的组合。这种组合方式整体上表现为一种"自我相似性"的复制与重复,具有整体的统一性,在局部上则灵活多变,有助于形成独特的形体效果(见图 3-68、图 3-69)。

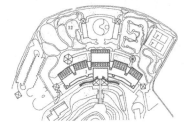 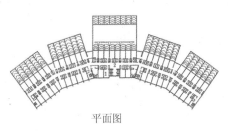

平面图

图 3-68 深圳南海酒店

（陈世民,1985 年）

 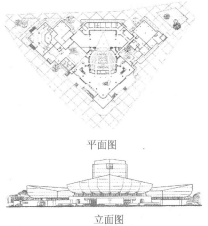

平面图

立面图

图 3-69 加纳国家剧院

（程泰宁,1992 年）

6）移位

和旋转不同,运用移位手法的单元在移动时方向保持不变。常见的是垂直和水平方向的移位,对角线方向的移位产生两个方向上的变化,因此带来更丰富多样的效果。移位也可以理解为单元体之间的相对滑动。如图 3-70 所示,主体为两个相同单元体,二者最初的位置是并列的,一方经过对角线方向移位以后,二者的相对位置与关系发生了改变,两个单元体变为相对错位的不稳定关系,从而使整个建筑产生动感。

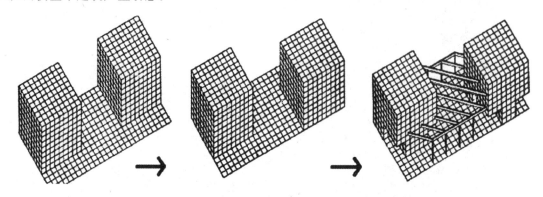

图 3-70　福冈银行佐贺分行(形态分析)

单元组合中的加减法、叠加法等同网格的构成手法类似,此处不再赘述。以上几种手法是针对单元空间组合方式在形式上的分类,研究目的是巧妙地运用这种构成艺术将单元空间进行组合,将不变的空间元素在重复中演绎为千变万化的建筑形态(见图 3-71~图 3-77)。

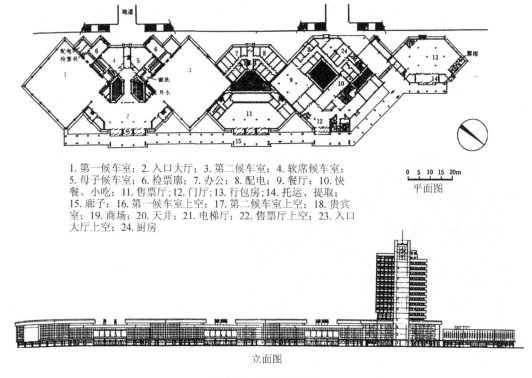

1. 第一候车室;2. 入口大厅;3. 第二候车室;4. 软席候车室;5. 母子候车室;6. 检票廊;7. 办公;8. 配电;9. 餐厅;10. 快餐、小吃;11. 售票厅;12. 门厅;13. 行包房;14. 托运、提取;15. 廊子;16. 第一候车室上空;17. 第二候车室上空;18. 贵宾室;19. 商场;20. 天井;21. 电梯厅;22. 售票厅上空;23. 入口大厅上空;24. 厨房

平面图

立面图

图 3-71　丹东火车站

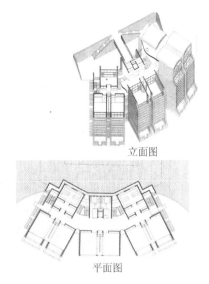

立面图

平面图

图 3-72　意大利皮耶韦城科学院

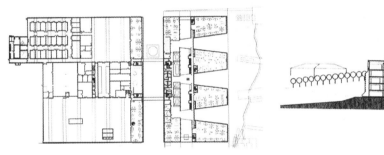
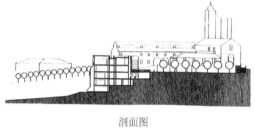

剖面图

平面图

图 3-73　某办公楼

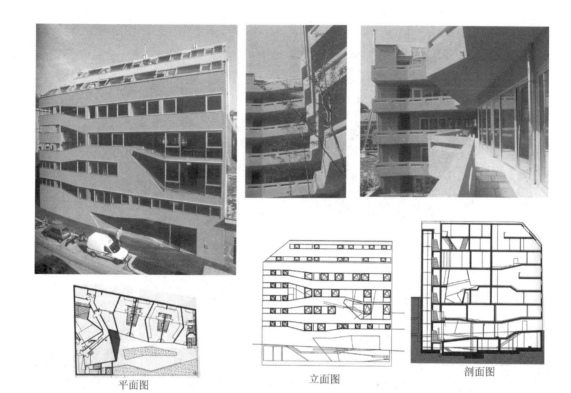

平面图　　　　　　　　　立面图　　　　　　　　　剖面图

图 3-74　某国外住宅

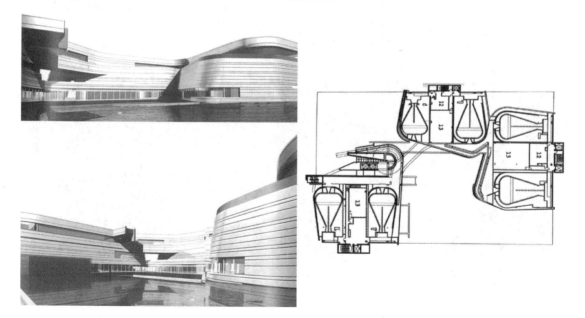

图 3-75　某文化中心

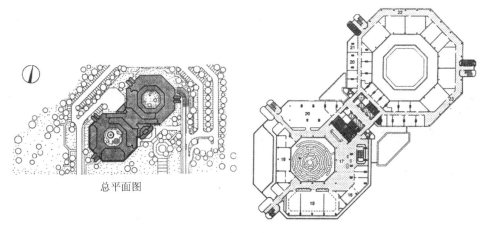

总平面图

图 3-76 某办公楼

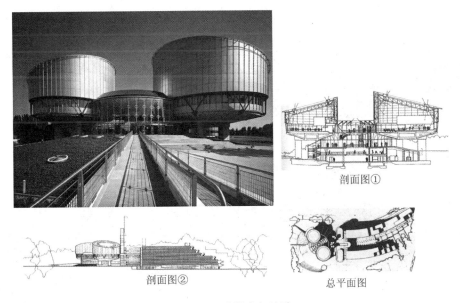

剖面图①

剖面图②

总平面图

图 3-77 欧洲人权法院

3.1.4 仿生

人类从蒙昧时代进入文明时代,是在模仿和适应自然的规律上逐步发展起来的,从飞鸟、鱼类、贝壳等获得启发和灵感,建筑形态也从模仿、仿生到变革和创新。

仿生建筑是模仿某些动植物的结构和形态而获得所期望的优良性能的建筑。仿生建筑以生物界某些生物体功能组织和形象构成规律为对象,探寻自然界中科学合理的建造规律,促进建筑体结构以及建筑功能布局等的合理形成。

建筑仿生学认为,人类在建筑上所遇到的问题,自然界早已有了相应的解决方式。建筑应该适应自然界的这种规律,有效寻找和利用自然界生物的成长规律,来适应人类社会发展对建筑的需要。因此,与自然相协调是建筑仿生学的主要任务。

1. 模仿生物形式的仿生

模仿生物形式的仿生是将生物形态模拟运用到建筑设计中,通过模仿生物的形态来实现建筑与环境的有机融合,是能取得戏剧性效果的仿生手段。通过直接模仿自然生物体的外貌,使人们浮想联翩,如光怪陆离的造型就给人极强的视觉冲击,让人难以忘怀。自然界为建筑师提供了丰富的创作原型,生物各式各样的外观形态都可以看作是形式创作的源泉。

生物的各种形态与其生存的当地自然环境是相适应的,有必要探讨生物形态在建筑上应用的可能性。由生物学家转行为设计师的朱利安·文森特对仿生建筑的定义是"对大自然中提炼出来的优秀设计的抽象"。仿生并不是单纯的模仿照抄,而是吸取动物、植物的生长机理以及一切自然生态的规律,结合建筑的自身特点且适应新环境的一种创造方法。

建筑的仿生形态应与其追求的生态效益之间存在必然联系,例如,生长在特殊自然环境下的某种生物,其形态是长期进化的结果,对该环境有良好的适应性。如果建筑通过模仿这种生物的形态可以增强对环境的适应能力,那么这种建筑形式仿生在建筑与环境协调发展方面就起到了积极的作用(见图 3-78)。

图 3-78　加利福尼亚蝴蝶馆
(美国,崔悦君,1987 年)

2. 具有象征意义的仿生

建筑师保罗·波特菲斯认为,通过大量文明积累,动物所独有的象征意义使建筑师有可能运用象征性的模仿来表达他的想法和证实共同的价值观。具有象征意义的仿生被认为是实现仿生的最直接的方法,能给建筑带来新颖的造型和生动的形象,让人立刻产生对生物的联想。

仿生建筑的象征或隐喻是通过对生物形态的几何特征有意识地进行提炼、加工、简化、变形、抽象、重组,并将某种情感投注到一种特定的建筑形态上,使之成为符号的实体。当建筑图式与另一种生物实体之间存在相似的形式构成特征时,人们就会产生联想和类比,此时建筑会具有较强的象征性或隐喻性。

图 3-79 中,该建筑流畅的线条像正在飞翔的大鸟展开的双翅。图 3-80 中,大写意造型的建筑似一条壮硕的恐龙躯体,入口处三只高扬的龙头像三条恐龙在私语。图 3-81 中,占地 2.3 万平方米的建筑从高处俯瞰,犹如五片绽放的花瓣,组成了一朵硕大美丽的"蝴蝶兰",盛开在葱茏的绿树之间。

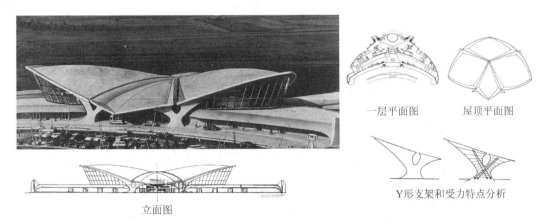

一层平面图　　屋顶平面图

Y形支架和受力特点分析

立面图

图 3-79　纽约环球航空公司航空港
(美国,E.萨里宁,1962 年)

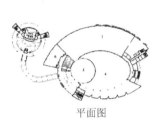

平面图

图 3-80　常州中华恐龙馆
(王亦民,2000 年)

3. 机能仿生

机能仿生是从生物的机能中获得启发,通过一定的仿生手段提高建筑与自然环境协调发展的能力,表现的方式多种多样。

① 模仿生物对能源的使用,使用能循环利用的清洁能源,如太阳能、风能等,在其内部实现可持续性的能量循环。

② 模仿生物材料,在建造中使用可再生的建筑材料,尽量使用地方性建筑材料,使用无毒的建筑材料,避免对室内外环境造成污染。

③ 模仿生物利用资源的有限性,来满足建筑材料、结构、形式的需要。

④ 模仿生物抵御自然灾害的能力,加强建筑对自然灾害,如火灾、洪水、地震、台风等的抗击能力。

⑤ 模仿生物进化,依靠科学技术的发展来促进建筑功能和美学的进步,实现建筑的进化。

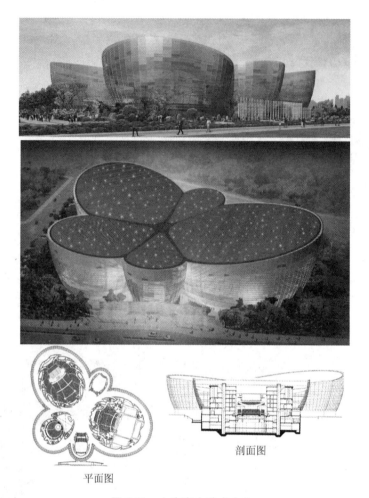

平面图   剖面图

图 3-81　上海东方艺术中心

(P. 安德鲁,2004 年)

⑥ 模仿生物的机体运转,将建筑看成是为实现一定的空间和功能目的而存在的有机组织。

⑦ 模仿植物的竖向生长,使建筑向垂直高度发展,争取高空的阳光和空气,减少建筑占地面积,保持环境的自然面貌等。

德国建筑师特多·特霍斯特根据向日葵的生态原理设计了欧洲第一座由计算机控制的太阳跟踪住宅。它像向日葵花一样,始终向着太阳,以充分利用太阳能,这座建筑也被认为是主动式太阳能生态建筑的一次成功尝试。

4. 结构仿生

自然界的动植物经过亿万年的演变,适应性极强,设计师从自然界物象的力学特性、结构关系、材料性能中汲取灵感,领略其结构形态的完善和精巧,并应用到建筑的结构设计中,实现传统结构无法实现的功能要求。效仿生态的结构组合,往往会收到很大的经济效果,共享自然的神奇力量。

为解决一定的工程技术问题,结构工程师向自然界学习,以轻质高强的结构体系实现常规技术手段难以建成的空间结构,尽可能减少建造过程中的能源和材料消耗。通过对自然界生态规律的观察,创造性地运用仿生结构体系,使建筑创作呈现出崭新的面貌。如水珠自由抛物线形的表面、蛋壳薄壁高强的曲面外壳、树叶叶脉的交叉网状支撑等都对建筑结构创新有着重大启发。

英国建筑师约瑟根据玉莲叶片结构,设计了一个跨度很大的,既轻巧、雄伟又经济、耐用的展览大厅。美国建筑师富勒从结晶体与蜂窝的六角形结构中获得灵感,创造出迄今为止被认为是以最小消耗获得最大空间的可靠的结构体系——装配式球型网架结构模式,并在 1967 年加拿大蒙特利尔国际博览会的美国馆中得以实现,直径达 76.2 米。德国工程师弗雷奥托在《充气结构》一书中写道:"许多人造充气结构能够与动物形似并不是巧合。"在一个世纪或更长的工作过程中,建筑师一直梦想着把空气作为一种结构元件,但最终都因技术和实际难题引发的失败而告终。随着技术的发展,近年来新型织物、薄膜的出现和计算机辅助施工工艺的应用,原本是幻想的结构体系已成为高性价比的常用手段(见图 3-82、图 3-83)。

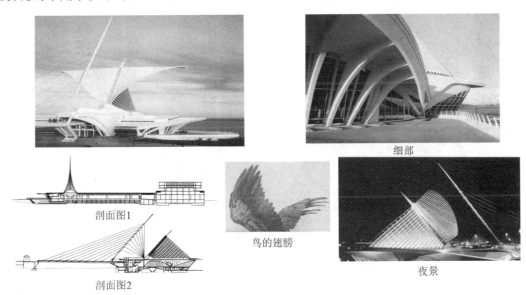

剖面图1

剖面图2

细部

鸟的翅膀

夜景

图 3-82 密尔沃基艺术博物馆

(美国,圣地亚哥)(S·卡拉特拉瓦,2001 年)

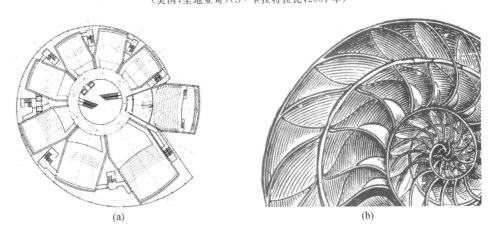

(a)　　　　　　　　　　　　　(b)

图 3-83 伯明翰复合电影院

(英国,威尔金森·艾尔建筑师事务所,1998 年)

(a)平面图;(b)鹦鹉螺的剖切面中的螺旋线

5. 原理仿生

科学技术每一次重大的进步与发展,几乎都和人类对自然界事物构成原理探索的重大突破有关。人类引以为豪的机械、电信、航空技术都是因为掌握了自然界的规律,对其进行模仿或重组而取得的重大成功。对于建筑设计,原理仿生是按照自然物形态结构的数理规律求出有一定使用价值的形态与功能。原理仿生是人类在长期的生活中对自然原理加以分析观察,从而得到启发设计出的建筑形态。如图3-84所示,该建筑形象和功能与海绵网的海生动物类似,以海绵、海葵等外骨骼精巧的结构延展到建筑功能层面,建筑造型促进风的流动,正像海绵的形状有助于水在它身边流动一样;内部的自然通风系统模仿海绵进食方式,钢结构的运用与自然界中精致的矿石结构相似。

 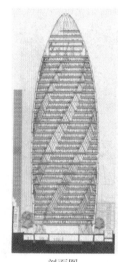 

剖面图　　　　　海绵的内部构造

图3-84　瑞士再保险公司总部大楼

(英国,诺曼·福斯特,2004年)

6. 仿生建筑的启示

仿生是对自然界生生不息的生命原理的借鉴,建筑仿生的意义既是为了建筑创新,同时也是为了与自然生态环境相协调,保持生态平衡。仿生建筑启发人们要遵循和尊重自然界的规律,不仅要学习生命的形式,还要学习生命循环的模式,注意环境、生态、经济效益与形式新颖的有机结合,其原则如下。

1)整体优化原则

富勒早就提出,世界上存在着能以最小结构提供最大强度的系统,整体表现大于部分之和。他依据"少费多用"的原则,创作出了高效的住宅和装配形球架。福斯特和格雷姆肖得益于富勒的教诲,在资源优化方面成为高技派建筑师的典范。

2)适应性原则

适应性是生物对自然环境的积极共生策略,良好的适应性保证了生物在恶劣环境下的生存。例如,根据北极熊毛发热量"只进不出"的原理,研制了"特朗布壁"外墙系统。利用热虹吸管或温差环流原理,使用自然的热空气或水来进行热量循环,从而降低供暖系统的负荷。在寒冷的季节,墙体可以利用自身收集太阳辐射的能力加热空腔内的空气或水,新鲜空气则从墙体底部进入其空腔中,被热空气或水加热后进入室内,使热空气在室内循环传播。托马斯·赫尔佐格设计的青年教育学院学生公寓即运用了这种外墙系统,在冬季室外空气温度仅 8℃ 时,室内温度在无暖气状态下可达 20℃。

图 3-85～图 3-93 是几个仿生建筑的实例。其中,图 3-85 中,该建筑应用了动物骨架的结构原理,其结构造型像一只巨大的钢铁恐龙。图 3-88 中,该建筑以受压和疏散作用的薄膜容器与像张拉缆线一样工作的"流体肌肉"相结合,稳固地支撑着这个空气构筑物。图 3-89 中,该建筑像一串挤在一起的大小不同的气泡,结合地形自由布置,似玻璃穹窿般晶莹剔透,自然而又充满动感。图 3-91 中,该建筑平面以水池为中心呈螺旋状展开,视野极好,东西方向的轴线沿栈桥平分池面,螺旋主体与客房相互连接,形状似蝎子,该住宅也因此得名。图 3-92 中,该公园位于西班牙南部,面朝地中海,全年有晴朗的蓝天和温暖的日照,贴近海岸线有两个湖,包括露天游泳池、饭馆和信息中心,建筑外形像三个蜗牛壳,充分体现出建筑与环境的协调。图 3-93 中,该建筑采用曲线的造型和叠落的屋面,像正在挥动翅膀的白蝴蝶,更像层叠的贝壳。

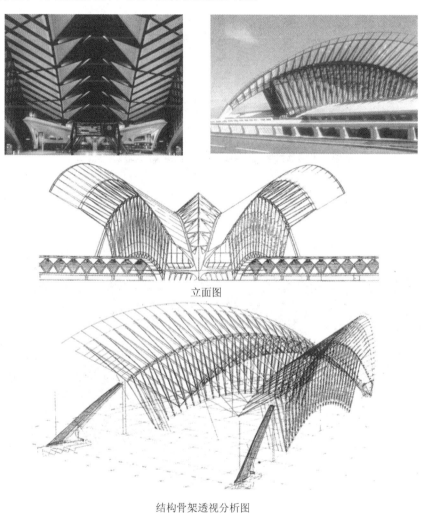

立面图

结构骨架透视分析图

图 3-85 里昂火车站

(法国)(S. 卡拉特拉瓦,1994 年)

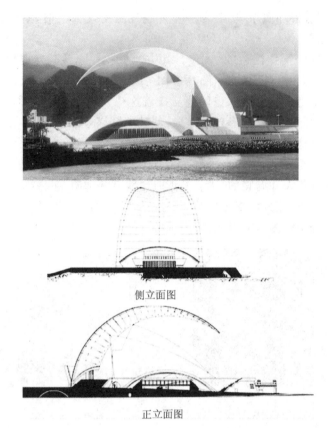

侧立面图

正立面图

图 3-86　特内里费音乐厅

(西班牙)(S.卡拉特拉瓦)

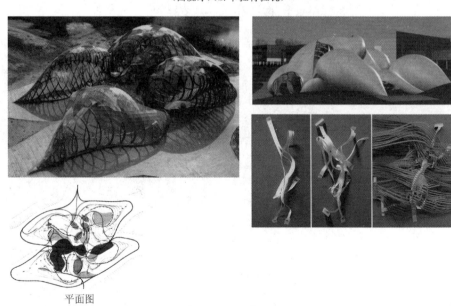

平面图

图 3-87　某建筑小品

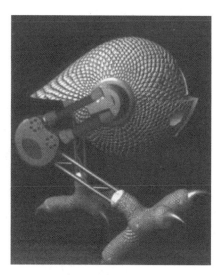

图 3-88 充气建筑

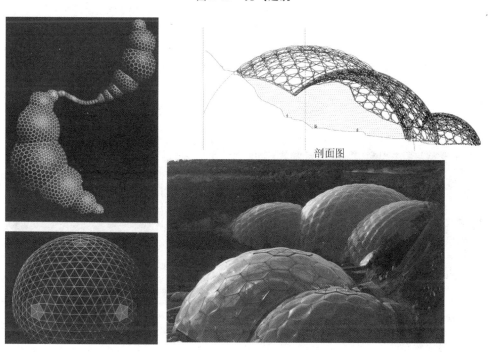

剖面图

图 3-89 伊甸园工程

（英国,格雷姆肖,2000 年）

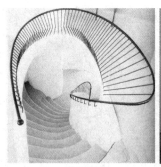
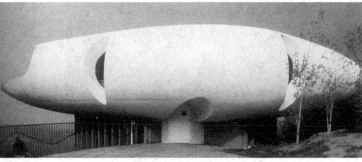

室内楼梯

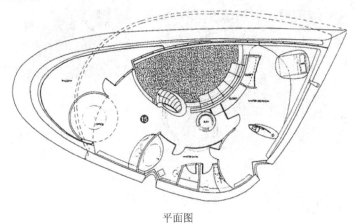

平面图

图 3-90 某住宅

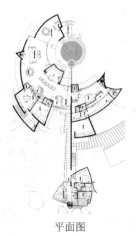

平面图

总平面图

图 3-91 美国亚利桑那州蝎子住宅

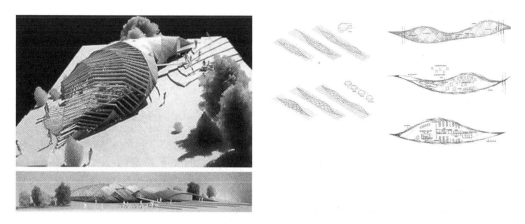

图 3-92 西班牙托雷维耶哈休闲公园

（日本，伊东丰雄，2002 年）

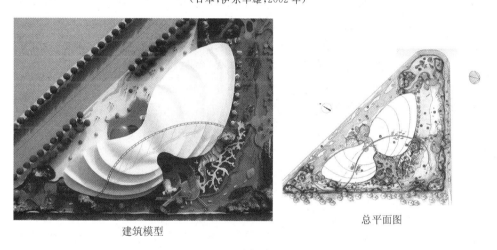

建筑模型   总平面图

图 3-93 哈尔滨极地馆

3.2 文化篇

从广义上说，"文化"是指人类在社会实践过程中所创造的物质财富和精神财富的总和。它是由文化自身的多元性、变迁性、历史性及地域性等因素所决定的。而"建筑"，在文化本质上是人类所创作的物质文明和精神文明展现于大地的一种空间文化形态。它以其独特的语言，表达着一定的价值观、宇宙观、审美心理和审美感受。它既是时代特征的综合反映，也是民族文化的集中体现。因此，建筑的创作离不开文化的约束。建筑师对当地历史、自然、环境和文化传统的了解，不仅要考虑物质环境，还要考虑精神环境，用约定的符号形象适应人的心理，创造出根植于文化的适宜形象。

3.2.1 象征

1. 基本概念

象征是人类自然地表现人、物或概念等复杂事物的意象并传达其信息的媒介。象征伴随着人类的产生而产生,是由人类本身机能所决定的。象征就是用具体事物表示某种抽象概念。在艺术上,象征是一种表现手法,通过某一特定的具体形象,以表现与之相似或相近的概念、思想和感情。黑格尔在《美学》第二卷对象征形艺术的绪论中说:"象征应分出两个因素,第一是意义,第二是这个意义的表现。"寻求和体现意义与表现之间的关系是象征的实质所在。象征的普遍特征是以具体可感的形象来表现抽象的内涵。简言之,象征即形象表征。

2. 建筑中的象征

建筑中的象征,是通过空间形式或外部形象的构成特征使人联想到另一事物,是"意"与"象"的统一。"意"指的是意向、意念、意愿、意趣等主体感受的情趣。"象"有两种状态:一是物象,是客观的物所展现的形象,是客观存在的物态化的东西;二是表象,是知觉感知事物所形成的印象,是存在于主体头脑中的观念性的东西。

根据"象"的不同状态,建筑的象征也可分为两个层次:一是物态化地凝结在建筑中的"建筑艺术形象",是建筑师的审美情趣与建筑的物质形态的统一;二是观赏或使用者在观赏、使用过程中所生成的"建筑内心图像"。一切蕴含着"意"的物象或表象,都可表达某种深层意义。因此,建筑的象征是通过运用"寄意于象"的表现手法来完成的。成功的建筑象征,无论是物态化的建筑艺术形象,还是非物态化的建筑内心图像,都是形象与情趣的契合、情与景的统一。

建筑中的象征具有形象性、地域性、多义性、主体性、动态性、综合性等特点。

形象性:象征意义必须借助"象"来表"意",建筑形象的表现可以是具象的建筑形体,也可以是具有几何抽象性的建筑空间。无论是哪一种,都离不开"象",因为它能引发观赏者的联想,形成设计者想要达到的"建筑内心图像"。罗马古典柱式以陶立克柱式与爱奥尼克柱式分别象征男性与女性。地域性:不同的地区和民族,对象征意象中的"意"与"象"的追求不同,对"意"与"象"的表达也就各不相同。

多义性:建筑的物态的"象"与其所表征的"意"之间并非一一对应的关系。对于同一个建筑,不同的观看者有不同的联想。同一个观看者也会产生多个联想。

主体性:由于建筑设计中设计者"意识"的渗入,建筑的象征意义必然表现出设计主体的审美意趣,体现设计者的文化素养和精神追求。

动态性:同一种表征在不同环境、不同时代有不同的含义,如北京的紫禁城,在古代是至高无上的皇权的象征,现如今,已经转化为中国传统文化的象征。

综合性:建筑的象征具有综合性的特征,它是空间意象与实体意象的综合,是形的意象与光的意象的综合,是建筑意象与山水意象、花木意象的综合等。

3. 象征的设计思想与表达

由于设计构思由主体从不同方面选择象征意义赋予的建筑形式,一般采取直喻、隐喻、类比等手段,同时,由客体所产生的联想或认同,一般有具象联想和抽象联想两种。其中,具象联想主要包括对自然界物象(各种生物形式)及对自然现象之联想,以及人造物形态的联想。抽象联想主要包括对人类社会活动的联想(日常生活仪式及特殊庆典等),以及对文化、习俗、制度、法规、神话的联想。

建筑象征的载体一般包括平面、空间、实体、材料及装饰等。

1）数的象征

对古人来说，数字象征着神性和秩序，是宇宙万物和谐一致的神秘因素。古巴比伦、希腊及后来印度的数理哲学家们都坚信对数的研究可以解释创世的基本原则以及时空变更的规律。尤其是中国传统的象数思维，经常采用形式和数字特征来表达某种深层意义。如天坛祈年殿的柱子，最内层4根，中层12根，檐柱12根，分别象征一年四季、12个月与一天中的12个时辰，并取天圆地方之意。

2）平面的象征

选择平面作为建筑象征载体，具有一定的局限性。建筑平面只是部分地反映了空间，平面的美感只有部分的意义，而且平面的意义不易被使用者和观赏者所体会。但是，如若对平面进行精心设计，就能创造出具有意味的空间。

3）空间的象征

由于象征浓缩了精神意义并升华为形象，所以常常与该时代的精神密切相连。空间构成中，人们把熟悉的、常见的事物或带有典型意义的事件作为原型，概括、提炼、抽象为空间造型语言，使人联想并领悟某种含义，以折射出设计者或使用者的各种观念。例如，古村落中的宗族祠堂、牌坊、书院、戏台与神社等，都是象征权力的空间。尤其是宗祠，是各宗族奉祀其祖先神位、举行重大仪式、处理宗族事务、执行族规家法、教育家族子弟的地方。在精神上，它已成为各个宗族追源报本和族众心中的主要精神标志（见图 3-94）。

图 3-94　祠堂

4）样式的象征

世界各地区、各民族长期积累的丰富样式，如柱式、屋顶、门窗细部、装饰纹样等，无不反映出建筑的特征和风格。例如，中国古代建筑屋顶的形制最能反映出样式象征的特点，不同的形式使建筑形象不同，同时也代表了不同的等级，庑殿顶为上，歇山顶次之，再次为攒尖顶、卷棚顶、悬山顶等，图 3-95 中，中国传统建筑的屋顶形式多样，特点明显，通过不同的屋顶结构方式，如举折、起翘、材料选择等，显示当时社会的等级制度，表现出鲜明的性格和特定的象征意义。西方古典柱式如图 3-96 所示。

5）实体的象征

建筑实体的表现力强，给人印象较为直观，因此建筑师在表现某种象征意义时，常常选用实体作为表现的载体。实体又有抽象和具象的不同。具象的实体，其象征意义不言自明；而抽象的实体象征，则会使观者产生似是而非、既熟悉又陌生的印象。

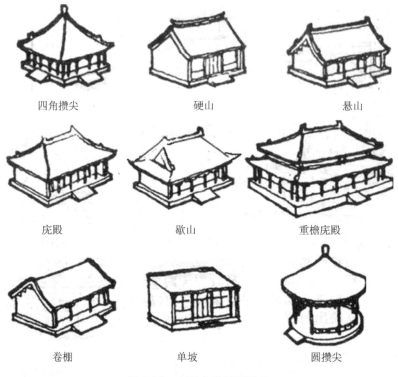

四角攒尖　　　　硬山　　　　悬山

庑殿　　　　歇山　　　　重檐庑殿

卷棚　　　　单坡　　　　圆攒尖

图 3-95　中国古代屋顶样式

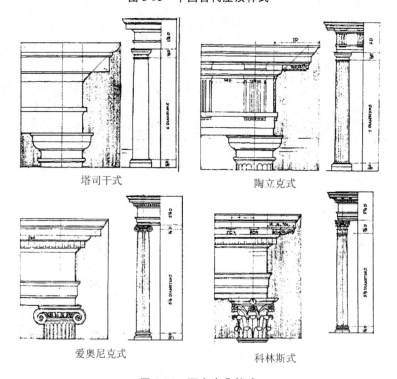

塔司干式　　　　陶立克式

爱奥尼克式　　　　科林斯式

图 3-96　西方古典柱式

图 3-97 中，该建筑造型以方正的几何形体构成，在几何形体的角部顶端略微挑出，形成宫灯形的角窗，并在立面上镶嵌形似彩灯的圆形和菱形窗户，使得博物馆仿若一群错落有致的花灯。图 3-98 中，该纪念馆采用海战的主角——船与人物巨大的雕塑相结合的造型，船形体量相互穿插、撞击，仿佛是激战之后，悬浮于海滩的一组组伤船残舰，形成一种悲壮气氛。图 3-99 中，该建筑轮廓线条优美、造型奇特，似一朵盛开的白莲，映照在如镜的东湖，与幽雅环境相映成辉，"水中白莲"象征弘一大师广阔的胸怀和纯洁的品格。图 3-100 中，该博物馆以蓄势待发、展翅欲飞的天鹅为意象，显示了希望与力量。与主体连接的 189 米的长廊伸向圆形的水面，酷似天鹅的长颈，构成优美而具动感的外形。图 3-101 中，9 层的半圆形大楼环抱着圆形中心楼，设计构思寓意于中国古代货币"元宝"的形象，整个建筑造型象征我国民间传说中的"聚宝盆"。

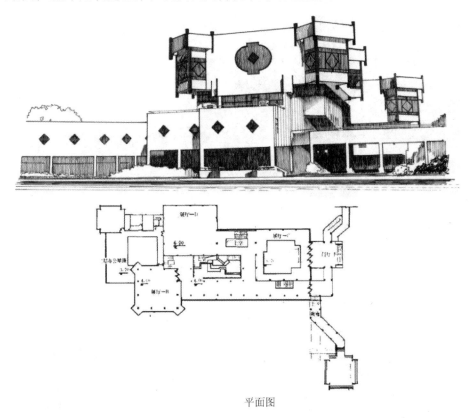

平面图

图 3-97 四川自贡彩灯博物馆

(吴明伟，1994 年)

如果只是简单地、直接地不以建筑语言的内在规律进行创作，而以模拟一个人、某一事物进行设计，这无疑是将建筑仅仅视为一种"游戏"，一种"广告"而已。

6）色彩的象征

色彩是视觉形象中最重要的因素，它既有很强的象征性，又能表达丰富的情感，在不知不觉中影响着人的精神、情绪和行为。建筑中常常以一定的色彩来表达意义，色彩的象征意义与心理联想常常因为国家、地域、风俗习惯和时代风尚的差异而不同，已经演化为一种特殊文化信码。色彩本身就能引起人们的联想，例如，中国古典建筑的色彩与封建等级有约定秩序，象征进入心理文化层

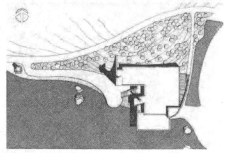

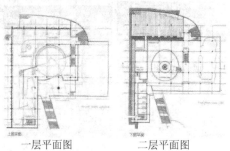

一层平面图　　　　二层平面图

图 3-98　威海甲午海战纪念馆

(彭一刚,1995 年)

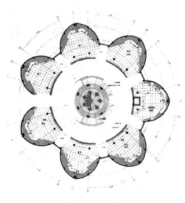 

图 3-99　弘一大师纪念馆

(程泰宁,2004 年)

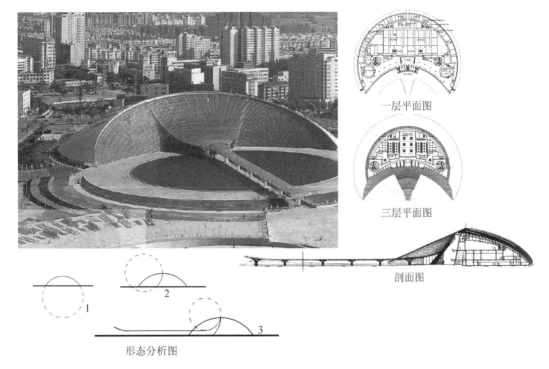

一层平面图

三层平面图

剖面图

形态分析图

图 3-100　天津博物馆

（高松森，2006 年）

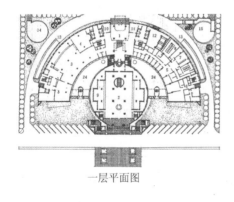

一层平面图

图 3-101　中国人民银行总行

（建设部建筑设计院，1991 年）

次。明清建筑彩画以和玺彩画、旋子彩画、苏式彩画分别代表着华贵、素雅、活泼三种不同格调，在区分建筑类别，表现建筑个性方面起着突出作用。《礼记》中有"楹，天子丹，诸侯黝，大夫苍，土黄"的记载，此后，"青琐丹楹"就成为重要建筑物的主要设色标准了。

　　7）装饰的象征

　　装饰的象征是指装饰造型表现出的特定含义。如图 3-102 所示，该建筑的南立面设计了三万个神奇的滤光器，组成了钢和玻璃的立面单元。这些半透明的精美构造在立面上形成了平整而丰富的韵律，在阳光的变幻中显示出阿拉伯艺术的传统特质——精美、纤巧、平面性和对光的敏感。

象征手法也是在中国古代建筑装饰图形中被广泛采用的表现方法之一。在民居的装饰题材中,处处可以看到企盼福、禄、寿、喜的象征表达。

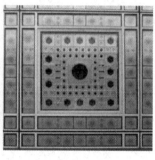

图 3-102　巴黎阿拉伯世界研究中心

(J. 努维尔,1986 年)

3.2.2　隐喻

1. 基本概念

亚里士多德在《诗学》第 20 章中对隐喻的定义是:隐喻是通过将属于另外一个事物的名称用于某一事物而构成的,这一转移可以是从种到属或从属到种,或从属到属,或根据类推。我国上海辞书出版社出版的《辞海》是这样解释隐喻的:用一个词或短语指出常见的一种物体或概念以代替另一种,从而暗示它们的相似之处。"本体"和"喻体"两个成分之间一般要用"是""也"等比喻词。

2. 建筑中的隐喻

隐喻主义是后现代主义时期出现的,也是后现代主义建筑的一种设计方法。隐喻主义的提出主要是针对在后现代主义派别中出现的国际式建筑反传统、隔断历史、与环境没有对话、建筑语言贫乏等现象。许多建筑师采用多种手法来创造建筑隐喻,他们强调建筑意义、建筑语言及符号功能,利用符号功能创造出生动而意味深长的建筑形象。

建筑隐喻就是用建筑的语言、手段去表达某种其他领域的含义,它是指通过建筑本身显示人的精神或心理,情感态度或某种认知关系。建筑的隐喻基本取决于人的生理和心理的交互作用。所谓的建筑语言、手段包括建筑的空间形态、色彩、材质和装饰构件等组成部分。在建筑隐喻中,这些建筑语言和手段被赋予某种意义,人们通过它达到对隐喻的认知。一方面,建筑语言、手段和建筑隐喻存在着对照关系;另一方面,隐喻的认知则依赖或主要依赖文化的经验和某种提示的背景。因而建筑隐喻会在不同的文化场合中具有不同的意义,对隐喻的多义性理解取决于人类经验的差异。在建筑中,隐喻概念是由建筑语言、手段来表达的,并通过人的经验系统的交互作用于人自身而获得的,因此,由于人的经验与文化背景的不同,理解的多义性就成为必然。隐喻在对建筑意义的表达中,加强了建筑形式与所表达意义之间的关系,这种关系就是建筑符号的能指与所指的关系。

在建筑语言的框架结构中,隐喻的表达意义是以建立建筑语言之间真实的、内在的联系为基础,通过建筑语言自身的形式表现系统来非客观再现的。因此,隐喻在表达意义中具有"联系性"和"再现性"这两个基本特征。

1）联系性

隐喻在创作中是通过建筑形式来表达其意义的,这一过程的关键是要求建筑语言形式与所要表达的意义之间形成内在联系,即建筑文化中的一种内在的结构秩序。建筑语言的这种联系性一般不是直接的,是一种概念类推和相互依存的认知传递过程。隐喻手法应把建筑形式与意义统一在对应的语境中,适应建筑语言或符号内在的结构秩序,表现建筑的文化层次。因此,在表达隐喻意义时,相关概念的合理形成、概念与概念之间内在逻辑关系的建立、概念表现为一定形式等是一个相互联系的整体。这种"联系性"能把人与建筑、建筑与其他建筑、建筑与其他外界事物之间的关系转换成人对建筑的认知,使它们成为一个有意义的内在联系体。图 3-103 为上海金茂大厦,其整体形象的创造来自于中国古代传统密檐塔出檐的渐变形式,设计师结合现代建筑技术和功能,创造了这个具有隐喻意义的高层建筑形象。

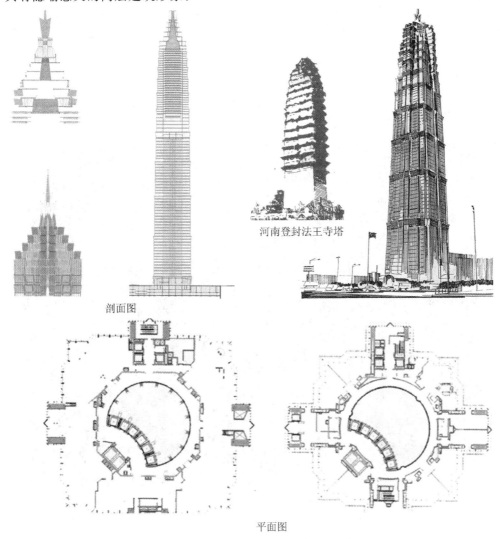

剖面图

河南登封法王寺塔

平面图

图 3-103 上海金茂大厦

（S.O.M 设计所,1995 年）

2）再现性

建筑语言表达的"再现性"不是一种呆板或机械式的再现,而是一种创造思维的活动,创造性的再现是隐喻逻辑思维一个重要的特性。隐喻正是通过"再现形象"来传递意义的,其以表达意义为根本,创造形象是为表达意义服务的。建筑语言表达意义所具有的非客观再现性决定了隐喻对建筑不是简单的形式构思和表达,而是一种本质要求创造性再现意义的过程。

3. 隐喻的设计思想与表达

隐喻主义作为一种系统的理论是在 20 世纪 70 年代才提出的,但隐喻这种思想很早就存在于建筑中了。金字塔的艺术构思是古埃及人拜物的隐喻,希腊古典柱式突出地体现了人体的隐喻,罗马的记功柱、凯旋门则隐喻了罗马皇帝的君权,中世纪哥特教堂的拱顶隐喻了宇宙和上天,拉丁十字平面隐喻了基督主宰着宇宙或是象征基督的受难,玫瑰花窗隐喻了春天、希望和福音。中国古代建筑的"天人合一"宇宙观的隐喻、"阴阳有序"环境观的隐喻、"尊卑有序"封建等级观的隐喻都是有一定影响性的。

1）隐喻手法的构思

（1）具象隐喻

具象隐喻指实体形态的隐喻,通过整个建筑的造型来比喻,也可称为直喻。这类建筑把造型放在十分重要的位置,技术为造型服务(见图 3-104～图 3-107)。

图 3-104　巴塞罗那鱼

(F. 盖里)

图 3-105 澳大利亚某休闲店

图 3-106 苏格兰某庄园内的菠萝房

图 3-107 麦当劳某外卖店

（2）抽象隐喻

抽象隐喻是通过对建筑及其环境抽象的内外空间形态处理来表达建筑的意义。抽象形态的隐喻不像实体形态的隐喻，其形象和意义都比较难以把握，创作主体需要把握好建筑语言之间的内在联系，才能使隐喻意义合理转化成抽象的建筑空间形式。图 3-108 为朗香教堂，其以一种神奇的扭曲造型，一种超常的精神和情绪，突破了历来的教堂模式，它可以使人联想到"正在祈祷的双手""昂首的巨舰""修女的帽子"等，是抽象思维隐喻手法的代表作。图 3-109 为侵华日军南京大屠杀遇难同胞纪念馆,其建筑物体形低平、简洁,沉稳的展馆与环境有机地融为一体。沿基地周边的浮雕围墙,刻画着惨烈的景象,场地的大片卵石与边缘的小片萋萋芳草、散石、断裂的枯树、悲愤的母亲雕像,强烈地隐喻生与死的反差,更激起人们对侵略者的愤恨与对逝者的怀念。

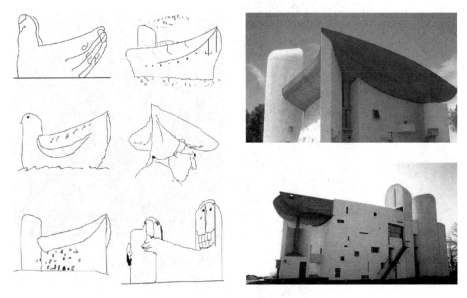

图 3-108　朗香教堂

(L.柯布西耶,1955 年)

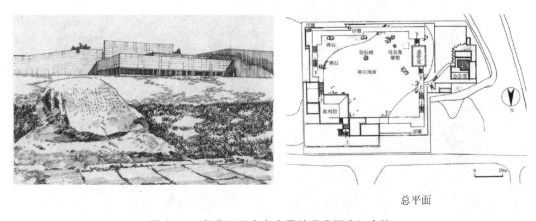

总平面

图 3-109　侵华日军南京大屠杀遇难同胞纪念馆

(齐康,1985 年)

（3）后现代隐喻

后现代隐喻是在后现代隐喻主义理论指导下进行的实践,主要针对国际式建筑反传统、隔断历史、与环境没有对话、建筑语言贫乏等现象。其隐喻手法是在建筑设计中,运用古典主义的符号来进行对历史文化的隐喻。貌似复古的古典主义隐喻手法其实是要在现代建筑丛林里寻找历史文化的脉络,唤起人们对历史文化的怀念和尊重。不是将建筑物彻底地复古,而是把古典建筑的元素和现代建筑的元素糅合起来,创造古今结合、交融的建筑形象。对后现代主义隐喻的认知要求观者对该文化背景有一定的了解,这样才能唤起心中的共鸣。如图 3-110 所示,该建筑把古典构件(如拱顶石,古典柱式)夸张地与抽象形式进行组合,形成一种立体派绘画的拼贴效果,又被称为抽象化了的历史主义。由古典抽象出来的元素,有一个基座,没有帽子(或是檐口)或柱顶之类的构件,以转向文化象征。

图 3-110 波特兰市政大楼
(美国,格雷夫斯,1982 年)

(4) 装饰的隐喻

装饰的隐喻是用装饰"传递意义",以装饰构件这种物化的形式来表达非物质的精神含义。通过对历史或地方惯用的建筑语言进行有意识地提炼、加工、抽象、变形、简化、重新组合等,设计出新的装饰构件形式,旨在使人通过视觉符号对设计所要表达的意义(如历史、地方传统风格)产生联想或对比。例如,在当代住宅设计中运用一些当地传统住宅的颜色、屋脊装饰、门窗等符号形式或者要素。

(5) 方位的隐喻

方位的隐喻是与空间方位有关的一种隐喻,其用空间方位来描绘所要表现的建筑。在方位隐喻中,喻体常用空间方位来体现不同的建筑及其文化经验,用表示空间方位的具体概念来隐喻地表达社会地位、价值观念、感情、情绪等抽象概念。

例如,在中国传统建筑中,居中隐喻首要、重要、尊贵、德高望重;左位是阳性(中国风水说)、通"佐"、准则、尊贵,《老子》中说:"君子居者贵左,用兵则贵右。"右位是阴性、通"佑"。凡是崇拜太阳神的民族,普遍以东方为神圣方位,圣坛即朝向东方,神庙及安坐在正殿内的神像朝向西方。

4. 建筑隐喻中本喻体的选择

1) 本体的选择

建筑师选取建筑构成元素的部分或者整体作为隐喻的基础,建筑的外部造型、内部空间和某些构件要素或单元通常作为建筑的本体。选择建筑本体的条件受到建筑物的外部环境、建筑的结构形式、建筑师个人志趣等的影响和制约。

选择建筑的内部空间作为本体:内部空间的形态以及内部空间渲染出的气氛同样可以作为建筑隐喻的本体夫隐喻复杂的氛围、情感等抽象的事物。

选择建筑的构件要素或单元作为本体:建筑的某些装饰构件、装饰图案、雕刻、色彩等,这些要素及细部被建筑师赋予某种特定的含义,唤起人们心中的共鸣,达到隐喻的认知。在特定文化中,这些要素及细部代表的隐喻性更胜于实用性。

图 3-111 中,该建筑形式是一个流畅的弯曲延伸的半圆拱顶管筒体。它的平面形状宛如一个疑问号——象征高尔夫球曲棍形象的幽默隐喻。矶崎新说:"我是想问为什么东方的日本人爱好西方的高尔夫球运动。"图 3-112 中,该教堂的实体是一个由混凝土砌成的冰冷的方盒子,通过穿插、断裂并利用光形成了抽象的、静穆的神圣空间形象。图 3-113(a)中,该建筑采用传统的三段式立面处理,出挑的厚檐隐现着古典、严谨的韵味,并以现代的设计手法诠释了传统空间意义中"厅、庭、堂、室"的空间序列模式。

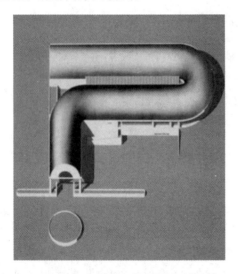

图 3-111　日本富士乡村俱乐部

(日本,矶崎新,1980 年)

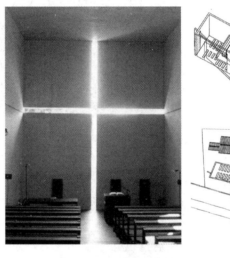
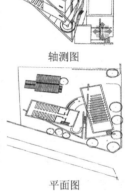

轴测图

平面图

图 3-112　光之教堂

(日本,安藤忠雄,1989 年)

2)喻体的选择

喻体的选择更多的是建筑师个人意志的一种选择,对喻体的选择起到决定作用的因素有:建筑师对于建筑内在精神的理解和提取;建筑师对建筑外部环境的理解;建筑本身性质和业主对建筑的要求。

(1)选择具体的事物作为喻体

有的建筑师凭着一种直观的感性思维,能够发现建筑本体和喻体之间形态上的相似性。图 3-114 中,该建筑由一个高耸的螺(塔)和一个舒展的蚌(厅)组成的形象体现了建筑自身的特点。它与环境相结合,似海螺静卧岩石之上,好像是从海中生长出来的。螺与蚌,一高一低、一竖一横、一张一弛,形成鲜明的对比。图 3-115 中,该建筑表现了设计师"人类与机械共存"的思想。隐喻是加深人机组建共存的那种混合情况。

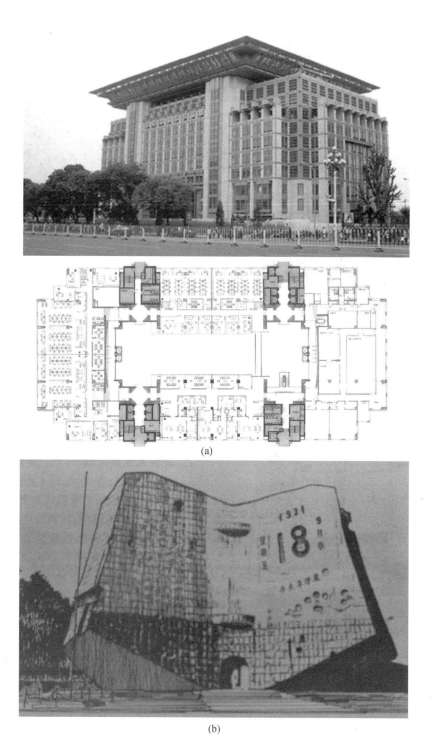

(a)

(b)

图 3-113

（a）中国国家电力调度中心；（b）9·18 纪念碑

 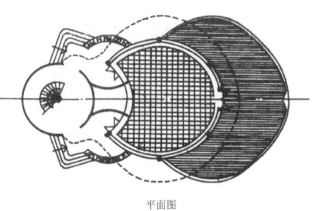

平面图

图 3-114 福建海之梦塔

(齐康,1988 年)

图 3-115 曼谷机器人大厦

(泰国,S. 朱姆赛依,1986 年)

（2）选择抽象的事物作为喻体

运用有形的建筑本体去隐喻无形的喻体，需要发挥发散性和创造性的感性思维，创造某种具有相似精神含义的形体。如图 3-116 所示，该建筑外形似一艘船舶停在湖边，采用天棚采光，平面组合清晰，造型简洁、纯净无瑕。

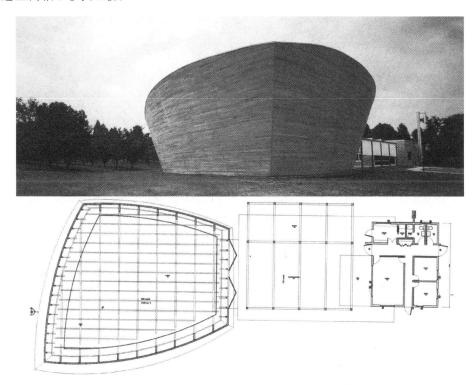

图 3-116　R.林肯教堂

（美国，林樱，2004 年）

（3）选择历史事件或民间传说等作为喻体

用建筑本体去隐喻某一历史事件、民间传说、自然环境或个人体验，需要理性思维和感性思维的高度结合，并对历史文化、自然环境、个人体验进行理性分析，再加上高超的想象力和感性手段，才能将之物化为建筑空间形象，如图 3-117、图 3-118 所示，其中，图 3-118 中，该纪念碑有两堵 60 余米长的黑色花岗岩墙体，由"V"字形组合沿墙边斜坡引导环绕一周，石壁上镌刻着 5 万余名美国士兵的名字，浅浅地隐藏在绿地之中，巧妙地隐喻着"美越战争"的结局。

3）本体和喻体的关联

本体和喻体之间的联系是通过"比喻词"来实现的，建筑隐喻中的"比喻词"就是本、喻体之间关联的手段。喻主要有以下几种手法。

① 对本体进行"形似"的操作，使之尽量模仿喻体的形态和特征。

② 对本体空间体量、色彩、光线、序列等"虚"的部分进行"塑造"来隐喻抽象的喻体，力求达到"神似"，唤起观者对喻体的认知，与设计者产生共鸣。

③ 对喻体充分认知和符号化，再将其转换为建筑语言，找到合适的建筑载体作为本体。

图 3-117 纪念碑

(O. 尼迈耶)

鸟瞰图

图 3-118 华盛顿越战纪念碑

(美国,林樱)

3.2.3 符号

1. 基本概念

所谓符号,就是主体把这种对象与某种事物相联系,使得一定的对象代表一定的事物,当这种规定被人类集体所认同,从而成为这个集体的公共约定时,这个对象就成为代表这个事物的符号。符号是信息的载体,其意义在于交流,其生命力在于约定(指社会的约定)。对符号的研究,无论在西方国家还是在中国,都有相当久远的历史。20 世纪初,瑞士语言学家索绪尔对"符号"提出了一个比较鲜明也比较准确的解释:符号是由"能指"和"所指"构成的统一体。也就是说,符号是一种二元关系,包括能指和所指,它们的结合便成了符号。索绪尔对符号能指与所指的界定,几乎启发了所有的现代符号学家。

在进行建筑设计时,可以将符号学理论的应用作为设计构思出发点,研究符号、运用符号可以帮助设计师探讨理解人对建筑的反应,有助于开阔思路、启发灵感。

2. 建筑中的符号

建筑符号学是人文科学应用于建筑领域中的一种理论,把建筑看成是一些具有特定含义的符号的组织,一切建筑的意义都是由于符号的表现而产生的,如果建筑失去了符号的表达精神,也就会失去它的意义。在建筑设计中运用某种建筑的特征符号,能从某种程度上再现这种建筑的特色(见图 3-119、图 3-120)。作为建筑造型的重要组成部分,门窗艺术代表了不同的建筑文化,不仅在于其实用性,而且在于它高度的形式性、意象性和符号化,随着时间的变迁和历史的积淀,把人们引向纯粹的精神符号世界。

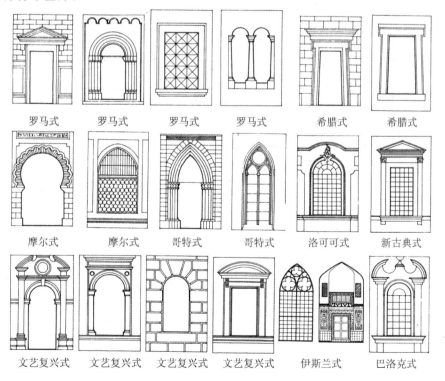

图 3-119　门窗符号

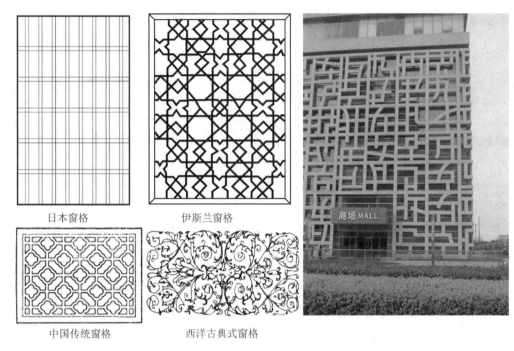

日本窗格   伊斯兰窗格

中国传统窗格   西洋古典式窗格

图 3-120   窗格符号

建筑符号具有传达功能和表意功能。建筑符号的传达功能包含"信息转化为符号"和"符号转换为信息"两个转换过程。建筑设计是信息转化为符号的过程,建筑实体建成后,公众对建筑的认识过程是符号还原为信息的过程。在这两个转换过程中,建筑师和使用者、欣赏者之间,存在着一种"双向交流性"。前者把"意图"经过"符号"传达给后者,后者对符号的理解(社会的约定俗成)进行限制并影响着前者对符号的应用。

按符号学"能指"和"所指"关系,可以把建筑符号分为图像性符号、指示性符号和象征性符号三类。

1) 图像性符号

图像性符号指建筑形式与意义的内容之间具有形象相似关系的模仿,通过"形象相似"的模仿,以自身形式与模仿对象的相似性为特征。

2) 指示性符号

指示性符号反映建筑形式与意义的内容有实质的因果关系,利用符号形式与所要表达的意义之间存在"必然实质"的因果逻辑关系,基于由因到果的认知而构成指示作用,让人了解其意义。

3) 象征性符号

象征性符号指建筑形式和意义之间具有约定性又不存在形象相似性,将指示物附加特定的象征含义,使这种指示物最终成为约定俗成的象征符号。

3. 符号的设计方法

1) 类比性设计

类比性设计是利用与"既有现实"的相似性进行设计,类比性设计分为视觉的类比、结构的类比和哲学的类比三种。

（1）视觉的类比

将建筑整体或局部形态模仿植物或动物。

（2）结构的类比

如利用人或动植物的躯体所表现的张力与结构形态作为设计的蓝本。如图 3-121 所示，该建筑应用了人类相互支撑力的结构原理，充分发挥了节省材料、提高能效的特性，造型新颖。

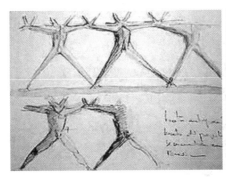

图 3-121　西班牙瓦伦西亚艺术科学城

（西班牙，S.卡拉特拉瓦，2000 年）

（3）哲学的类比

利用物理学、生物学的理论来发展设计，作为设计的理念，亦有从仿生、物理现象，甚至人的行为图式以及哲学意念出发的设计，它们属于图像符号。

2）几何性设计

几何性设计是完全依照抽象的比例关系和几何原则进行设计的。用抽象手段将自然世界的形状进行提炼，但本质上还是一种类比，因而也属图像符号。从古埃及的金字塔、方尖碑到希腊建筑以及后现代建筑中都可以发现这种设计方法（见图 3-122）。

图 3-122　日本筑波中心

（日本，矶崎新，1983 年）

3）类型性设计

类型性设计指拥有共同文化背景的人与特定环境相连，以约定俗成的方法认同某一种特定的建筑形态，认为此种形态最适合其生活形态、地理气候、风土民情的要求，这种形态遂被长期使用，如北京的四合院就属于这种设计方法。这类建筑所表达的意义与其形式具有约定性质，因而属于象征符号。民居、乡土建筑及刻意追求文脉的建筑作品,都运用了这种设计方法。

　　图 3-123 中,这两栋楼以西洋古典柱式与中国传统屋顶及符号相结合,代表了现存的上世纪国粹与西方文化的拼凑。图 3-124 中,该建筑楼群以主楼与四幢配楼通过二层的连廊一字排开,延续厦大旧建筑的符号多样性,通过简化、异化取得形式上的呼应和色彩上的协调。图 3-125 中,该建筑从与传统商业区的关系和反映老字号的文化内涵入手,立面采用了一些带有传统意味的形式符号,与周围的建筑风格相协调。

(a) (b)

图 3-123 类型性设计

(张清廉,1934 年)

(a)河南大学礼堂(开封);(b)厦门大学行政楼

图 3-124 厦门大学嘉庚楼

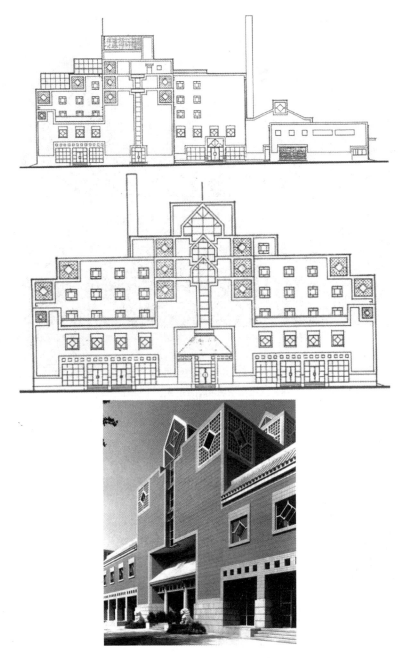

图 3-125　北京丰泽园饭店

(崔凯，1995 年)

4. 基于符号思维的设计手法

建筑是一个复合的符号系统，其符号特性明显地表现在建筑的形式上。

1）引借

引借是一种最常用的符号手法，它是借鉴传统建筑中的局部或片段，或从其他艺术形式、人们的行为图式、生物形式、美学观及哲学思辨中得到启发，按照现代人的审美情趣，将其投射到当代建筑中,使其带有特定的建筑信码。如图 3-126 所示,该建筑引借当地土著人的民居——篷屋的形式,鲜明地表达了尊重文化传统的思想,同时巧妙地将造型与自然通风相结合。

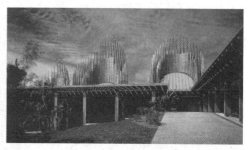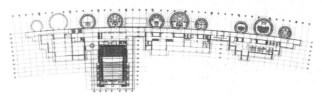

图 3-126　特吉巴奥文化中心(太平洋岛国努美阿)
(R.皮阿诺,1998 年)

2)夸张

夸张指在原有符号基础上作某些局部更改或特殊处理,以此来强调、夸大、突出某些局部的作用和影响,增加符号的信息量,引起人们的注意和联想。夸张往往注重对建筑符号的提炼、分裂与变形处理,无论是尺度、形状,还是位置、材料和色彩等形式要素,都在原有基础上融进了新的内容和含义并加以强化,使之成为一种新的象征符号,以此引起人们的共鸣。

图 3-127 中,巨大的爱奥尼克柱式以超常性的夸张来表现自身的存在,引人注目。设计者把建筑符号作为工具,具有积极的意义,为公司赢得了广告效应。图 3-128 中,该建筑采用了中国大屋顶的形式,并将其进行夸张、变形,用以强调建筑的民族性、传统性,在根深蒂固的民族文化基础上进行自我创造。

3)拓扑

在建筑符号的发展演进过程中,很多情况下其演变均表现为保持原有符号的某种固定型制不变,这种保持根本关系不变而形式发生变换就是所谓的拓扑变换。如图 3-129 所示,该建筑将印度传统的曼陀罗图案进行了拓扑变形,这是印度一种传统的宇宙模式,类似中国的九宫格,其中一个方块被挪走,作为入口。尽管在形式上采用了现代的材料和手法,但却充分体现了印度传统的文化精神。

图 3-127　东京马自达公司大楼

图 3-128　中国台湾中山纪念馆

4）拼贴

拼贴是片断的集锦式组合,因而显得新奇、夸张,一般不具有秩序性,但往往能塑造一种气氛或表达设计者眼中的某种印象或是对环境的意象。拼贴法也是一种行之有效的设计方法,但这种方法的获得需要特殊的训练,需要有一定的建筑文化修养,有对传统和历史建筑母题、部件和形式的敏感性。这种方法首先需要从历史和传统中选取数种典型建筑形式母题、部件或元素,随后对其进行重新组合和连接。拼贴法采用传统和历史中的部件、形式,但并不被历史和传统的设计原则、构图原理和衔接方式所束缚,而是根据现代性、特定文脉、新形式构成和审美需要进行变化和组合。

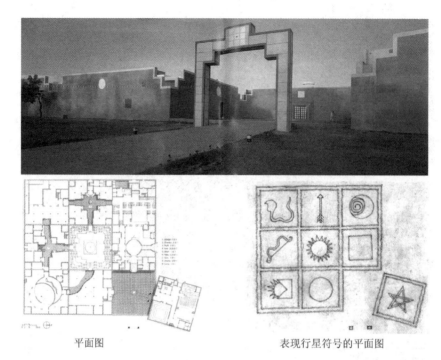

平面图　　　　　　　　　　表现行星符号的平面图

图 3-129　斋普尔博物馆

(印度,C.柯里亚)

这是一种任意的、随机的和为现实需要服务的"历史主义"设计手法。采用这种设计方法所达到的效果通常既具有一定的历史连续性,又具有当代特征,是在新环境、新条件下对传统要素的巧妙利用。拼贴方法采用过去的建筑符号,但并不按周围建筑式样来进行设计,而是追求和谐、保持形式统一和体现历史传统连续性的文脉主义,是对传统要素的再解释。如图 0-29 所示为美国新奥尔良意大利广场,历史符号的变形、移植和拼贴形成了一个多元性的广场。广场上六道弧形墙高低错落,成为瀑布的背景。六扇拱廊在形象、质地、色彩上各不相同,装饰了六种古典或仿古典的柱式。艳丽夺目的色彩和霓虹灯,显示出既生动活泼又杂乱疯狂的商业情调。图 3-130 把被拆除的旧建筑的片断,镶嵌在新建筑造型中的拼贴手法,成为城市历史文化的记忆。

图 3-130　某高层住宅

(澳大利亚悉尼)

5)解构

20 世纪 80 年代兴起的建筑领域内的解构主义思潮,也是从符号的语言学方面的特征演绎出的新的设计思想。建筑符号的解构是对传统建筑符号和现有规则约定的一种颠倒和反转处理,其强调的是符号的分解、碎裂、叠合和组合,主张符号的解散、分离、片断、缺少、不完整和无中心,诸如断裂的山花、解体的古典柱式和肢解成零件的古典装饰构件等。解构打破了原有结构的整体性、转换性和自调性,强调结构的不稳定性和不断变化的特性。对建筑符号的解构不仅需要建筑师有很深的驾驭形式的功底,而且更重要的是要有设计思想上的创新。如图 3-131 所示,该公园用地划为 120 m×120 m 的方格网,网线交叉点上布置内容、形式不一的由红色搪瓷钢板构成的"疯狂物"。公园的道路、走廊、小径按直线或曲线布置穿插其间。"点""线""面"叠加在一起,显现出偶然、巧合、分裂、跳动、不协调的解构理念。

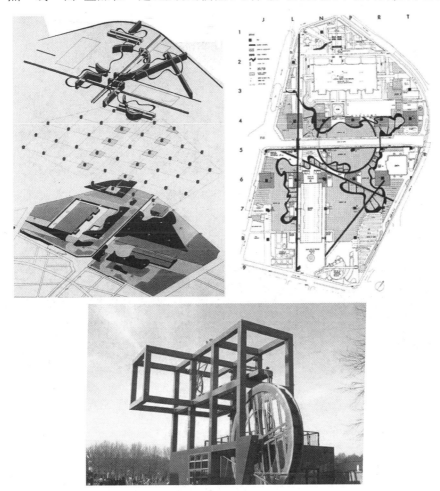

图 3-131　巴黎拉维莱特公园(二)

(法国,屈米,1982 年)

6) 残留

符号的残留主要用在有历史价值的建筑改造和扩建方面,让旧建筑的精彩片段镶入新的建筑中,成为新建筑的一个部分。这种处理方法可使历史得到延续,新旧建筑得以相互协调。如图 3-132所示,设计者将原有的一些代表上海 20 世纪初建筑风格的石库门民居的外壳完整或部分地保留下来,作为商业、娱乐用房。这种残留的设计手法,使得旧建筑的片断与文化得以延续。

7) 母题重复图

母题重复图是对符号进行组织的基本手法。在建筑设计中,提炼出一种符号来作为造型的母题并将其重复使用于这个建筑,从而强化了主题,可以造成强烈的韵律感或秩序感。如图 3-133 所示,该建筑采用菱形作为母题,其形状继承了武道的遗传因子。母题不断重复,似行云流水、闪电利剑,形成了具有流动感的形象,成为日本后现代建筑的名作。

图 3-132   上海新天地

图 3-133   东京武道馆

(日本,六角鬼丈,1990 年)

5. 象征、隐喻与符号的异同与关联

1）象征和符号

象征和符号这两者都是以某种事物来表示另外一种事物,常常容易混淆。其实,象征与符号代表着人类两个既相关又有区别的经验现象,两者的不同之处如下。

象征有更大的随意性。象征是一种联想、创造的冲动,带有个体性,表达特殊的个人感受。视某物为另一物的象征,不存在强迫与约定,只需要理解。相反,符号是一种高度社会化的行动、一种约定,在特殊的场或领域内带有一定的强制性。

象征有不确定性,或至少并不总是确定的。

符号与象征所代表的人类经验的探索涵盖的领域不同:一个是符号学运动,一个是精神分析学运动与象征主义。精神分析学是典型的本质论与动力论,注重现象下面的本质。相反,符号学是典型的现象论和形式主义,研究符号、符号的规则、符号的用法等。

建筑中的象征,除了可以用实体的形状来表示以外,还可以用空间形状来表达,而符号一般只可用实体来表达。

象征能表示由多个独特意义组成的复合件,而符号只能表示单个实体及其含义,象征比符号具有更多层次的抽象意义。

2）象征和隐喻

普遍认同的观点是：象征是由于历史上约定俗成的认识，有着意义的相对稳定性，而隐喻具有时效性，同样的事物在某一时刻隐喻某件事物，但在彼时或许隐喻另外一个事物；隐喻所流露的隐含意义比较容易找到，而象征所蕴含的意念则不容易觅取，表现出高度的暧昧性；此外，对象征的认知要求观者具有一定的历史文化背景，才能体会事物的象征含义，而认知隐喻对观者文化背景的要求相对较低。因此，象征较隐喻来得复杂，象征的世界可能比隐喻达到的程度更深，即距离真实的客观对象越远，主观成分也就越多。

隐喻和象征的区别如表 3-1 所示。

表 3-1　隐喻和象征的区别

隐　　喻	象　　征
生活片段的描写	约定俗成的反映
真实地描写	幻想的表述
明晰的表达	暧昧的表达
较客观	较主观
散文式的叙述	诗意美的诠释

当然，对内容与形式的分离还不能过分强调、片面理解。主观世界的内容不论如何鲜活，如何取得支配地位，如何自由，最终都必须借助形式来传达，否则，只能停留在创作者个人脑中，难以引起欣赏者的共鸣、共识。因此，本质上象征同隐喻并非对立，而是紧密关联着的，两个词虽然不能说是一个意思的不同表达，但它们确实有相通之处，甚至大部分是相互重叠的。

有的象征在历史上也许是为了达到某种隐喻的目的而形成的，例如古希腊的柱式，古代的工匠用它的比例和风格来达到隐喻的目的。但这种隐喻长期流传下来，人们在看到它时对其隐喻意义不再详加思考，而是自然而然地把它当作人体的象征。这说明隐喻有被演化为象征的可能性，某种象征在其出现之初很可能是出于某种隐喻的目的。

3）隐喻与符号

从建筑语言本身作为一种符号来看，隐喻存在于建筑中，体现了建筑作为符号的一种本质要求，使建筑意义以符号的形式存在，并能被人类理解。隐喻主义理论是在符号学的基础上形成的。后现代隐喻主义是把符号当作重要的手段和工具来创造隐喻的。后现代建筑隐喻与过去的建筑隐喻的根本不同在于它有系统的理论指导，并把形式和符号分离开来，使符号、结构形式和使用功能三者不必完全保持一致。后现代隐喻主义强调建筑要表现人文、地理和历史的延续性，强调建筑应反映文化的积累而不是文化的解体，是历史文化的丰富表现，而不是对过去传统的排斥和对民俗习惯的歧视。由于现代技术很难和历史象征形成协调，因此，后现代隐喻一般多采用装饰的方法，或引用传统建筑作为典故，以唤起人们对过去的回忆。

3.2.4　门式

外观造型似"门"的建筑类型基本上可归为两类：一类是其建筑创意取自于"门"，并在造型上与之相呼应，如北京海关大厦；另一类是仅在其外观造型上类似门的形象，但其创作意图与门并无关联，如东京电讯中心。为了以示区别，将第一类建筑称为"门式"建筑，将第二类建筑称为"框式"

建筑。

1.门文化的概述

1）门的含义

门的基本含义是指建筑或不同空间的出入口，其扩展含义延伸为关塞、要口、禁要之地；门径、关键；家、家族；门户，常用来比喻重要、险要之地；家、人家，如门第；枢纽、交通枢纽，可引申为人、物、信息等相互交流、沟通的枢纽。在风水上，因门通出入，被视为气口，是导引生气、避邪祛凶的关键。

2）门的作用

建筑中有两种不同性质的门。一种是单个房间的出入口，它是建筑中的一个构件，如板门、槅扇门，基本作用有两点：一是出入，二是庇护防卫。另一种是整个建筑组群或庭院的出入口。它本身就是一个单独的建筑。在中国古代建筑体系中，它是与殿、堂等并列的一种建筑类型，如牌楼门、山门、阙门等。

图 3-134 中，呈"冂"形的平面，拉开了整组建筑的深度，突出了城楼的中心地位，半封闭空间增加了门禁森严的感觉与威慑作用。图 3-135 中，设有五道正门的主轴线，串联起六组门庭，依次是：圣时门、弘道门、大中门、同文门、大成门。在圣时门前还设有三坊一门：金声振玉坊、太和元气坊、至圣庙坊和棂星门。重重排列约 1 千米的九座门增加了庭院纵深，丰富了空间层次，强化了孔庙重点建筑——大成殿的主体地位。图 3-136 中，十字街式布局的小城镇，城门成为街道的端景，严整的轴线控制了整个城市。图 3-137 中，透过景框可以看到位于三层汉白玉须弥座台基上庄重典雅的祈年殿，朱红的柱枋槅窗、青色的琉璃瓦檐、鎏金的宝顶、金碧灿烂的檐下彩画，在蓝天映衬下，动人心弦。

图 3-134　北京故宫午门

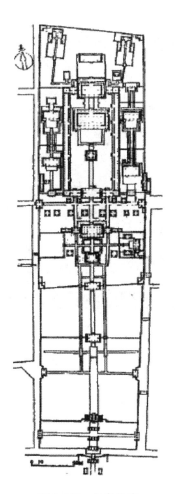

图 3-135 曲阜孔庙

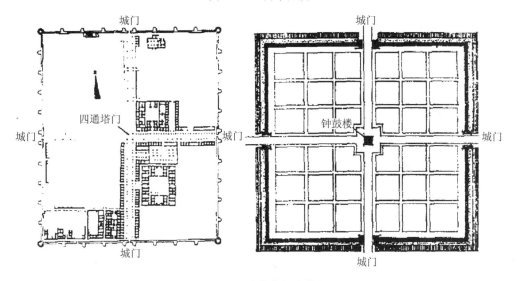

图 3-136 城镇布局中的门

图 3-137　北京天坛祈年门

　　牌楼门俗称"牌坊",不具备门的防卫功能,而是一种标志性、纪念性、表彰性的建筑,突出强调精神功能和文化内涵。牌楼门的主要作用:一是常作为通向重要建筑物的一个起点,起着标定界域、组织入口前导、带领整个建筑组群的作用;二是可作为景观序列中的对景或视线的收束。

　　阙门,由在入口两侧所设的防守性的岗楼演变而来。最初阙门起瞭望、警卫的作用,后由于其高耸的外观能显示威风,具有震慑作用,移建于宫门或城门前。隋唐以后,宫阙吸收了东汉至隋代宅院坞壁阙的特点,与宫门连为一体,但又不像坞壁阙那样平立于门侧,而是用南北向的墙把宫阙与宫墙连接起来。

　　中国传统建筑基本上是由"门""堂""廊"三种不同性质的部分组成,在群体空间组织中,一处组群要设大门、边门、后门,一进院落要设院门、旁门、角门。门无论在功能、形式还是所在位置上都各自显现出其特色和性格。因此,有人称中国传统建筑是一种门的艺术。它在整个组群中担当着起、承、转、接的重要角色。可以说,中国建筑将"门"强调到无可强调的地步。

　　建筑组群中门的主要作用如下。

　　① 标志门庭,引导和统领整个建筑组群。

　　② "门堂"之制,即在主要殿堂的前方必须设立相对应的门。扩大门的规模和职能,能衬托主体建筑,区别尊卑内外。

　　③ 增加院落纵深,控制平面布局的节奏,丰富建筑组群空间层次。

　　在城镇布局中,城门、镇门、村门等除了具有"门户"之意外,进一步具有标明地界、捍卫疆域和领土的作用。在中国人心目中具有浓厚的"关"的色彩,具有关塞、禁要的含义。

　　城门、宫门等地位重要、形制宏阔,又兼有礼制上的象征,常施于城镇轴线两端,一则起收束视线的作用,二则使人能明确感受到轴线的存在。

　　在建筑组群和城镇布局中,门经过精心安排,会成为一个美妙的景框。利用近景建筑中门、窗、拱券等的中空部分将视线方向上的中景或远景建筑及景象纳入其中,形成完整围合的画框或景框,构成层次丰富、远近对比、内外虚实的美妙画卷。

3）不同民族的门文化

中国古代有牌楼门、月亮门（见图3-138、图3-139），日本有鸟居，法国、意大利有凯旋门等，不同民族有不同的门文化。

图3-138 北京十三陵石牌坊

图3-139 南京天王府西花园

（1）古埃及的牌楼门

古埃及的神庙形制是沿着一条纵轴依次布置大门、围柱式院落、大殿和僧侣用房。其中，大门和大殿是庙宇的两个艺术重点，群众性的宗教仪式要在门前举行，因此，大门力求富丽堂皇，以便和宗教仪式的戏剧性相适应。牌楼门的样式是：两座高大的梯形石墙夹着当中一个不大的矩形门道，门道上檐部的高度比石墙上的大得多，是为了加强门道对石墙体积的反衬作用。墙身两面向内倾斜，中间留空，内设楼梯可通至门楣，遇庆典门楣上可供观礼。门的两侧紧贴墙身处插长矛及旗杆等物装饰，墙面上刻有程式化的人物与象形文字、图案（见图3-140）。

图3-140 古埃及牌楼门

（2）古西亚赫拉马萨尔贡王宫宫门

王宫正门是一对上面有雉堞的方形碉楼夹着拱门，拱门门道两侧有埋伏士兵的龛，这种大门形制是西亚大型建筑普遍采用的建筑手法。墙的外部贴满了彩色琉璃面砖，下部贴有石板，这与西亚潮湿的气候相适应。正门上安有高约 4 米的著名的五脚兽浮雕,象征睿智和力量的神物在守卫着宫殿(见图 3-141)。

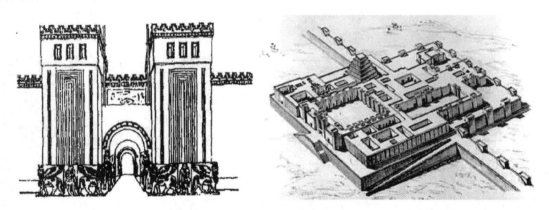

图 3-141　古西亚赫拉马萨尔贡王宫

（3）古罗马凯旋门

古罗马凯旋门是古罗马纪念性建筑的一种,常建于城市中心的交通要道上,它有四四方方的立面、高高的基座和女儿墙,中央有一个或三个券形门洞,上面有大量雕刻装饰,雕刻的内容多是凯旋的仪式、飞翔的胜利女神、大型勋章等,表现出皇帝要炫耀的武力、权势,后来凯旋门成为胜利的象征(见图 3-142)。

（4）中古伊斯兰清真寺门殿

伊斯兰国家的重要纪念性宗教建筑清真寺,通常由门殿内院和礼拜殿组成。门殿的主立面是由一对高耸的邦克楼夹着半穹隆形深凹的门洞组成。邦克楼是平面凸出的八角形或圆形的高塔,收分显著,上面常以带穹顶的小亭子结束。门的穹隆处常砌有钟乳拱,饰有色彩鲜艳、光泽明亮的琉璃面砖,为庄严辉煌的建筑增添了热烈的气氛(见图 3-143)。

图 3-142　巴黎凯旋门

图 3-143　伊斯兰清真寺门殿

（5）日本的鸟居

在通向神社的大道上或神社周围的木栅栏处,往往设有一种牌楼式门,名为鸟居。它由一对粗大的木柱和柱上的横梁及梁下的枋组成。梁的两端有的向外挑出,有的插入柱身,整体及构件本身比例和谐(见图 3-144)。

（6）古印度陶然

在印度桑契大窣堵波四周有一圈石栏杆,四面各有一座门,面朝正方位,称为陶然。门高约 10 米,是仿木结构,比例匀称、形式轻快。门上覆满了深浮雕,分划细密;轮廓上装饰着圆雕,复杂而玲珑纤巧,雕饰题材多与佛教故事有关。陶然门与单纯浑朴、完整统一的半球形窣堵坡形成强烈的对比,更突出了它的庄严隆重(见图 3-145)。

图 3-144　日本的鸟居

图 3-145　古印度陶然

2.“门式”建筑

1）标志性

标志性是“门”的一项约定俗成的象征。现代建筑借用门的形象来体现、标明地界,声明界域的功能性质,如车站、港口等,通常被视作进出一个城市的门户和标志。因此,不少城市的交通建筑以门的形象或寓意作为参照来造型。另外,一些重要地段的标志性建筑也会选用“门——沟通凭借和枢纽”的含义来作为“对话”的工具和语言。如图 3-146 所示,设计师以“门”的形象和“关”的意向在主楼上开设 45 米宽、50 米高的大门洞,上置三重檐攒尖门楼,门楼符号重复出现,成为西客站形象的基调。

2）纪念性

纪念门中所包含的强烈的纪念性在现代的“门式”建筑中得到了继承和延续。如图 3-147 所示,高约 200 米的拱门由钢筋混凝土外包不锈钢建成,作为美国西部的门户和标志,与密西西比河畔的环境十分协调,表现出不朽的纪念性。

图 3-146 北京西客站

(朱嘉禄,1995 年)

3) 表意性

门具有丰富的含义,这些由门的基本含义延伸出来的意义也往往成为建筑师们的设计理念。建筑师在作品中通过建筑设计语言表达出"门"深厚的文化内涵和理念。如图 3-148 所示,两幢塔楼由顶部二层高通道联系,隐喻古代门阙形象,昭示海关为国境关口。

图 3-147 圣路易斯市纪念拱门

(美国,E.沙里宁,1965 年)

图 3-148 北京海关大厦

4) 表形性

借助"门"的形象来丰富建筑表现手法。例如,日本横滨门户城,这栋融入了大门造型因素、舒缓波浪形曲线的办公塔楼,试图完善并联系位于基地两端一栋更高的办公楼和一个较小的宾馆。其中一系列的开放空间为一些特别的活动及公共的集会提供了场所(见图 3-149)。

5) 在建筑组群中

在建筑组群中,"门式"建筑在引导和带领整组建筑,增加院落进深,丰富组群空间层次等方面有着同传统中的门一样的作用(见图 3-150)。

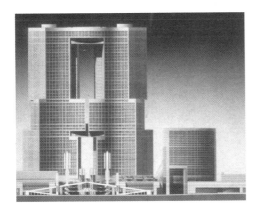

图 3-149 日本横滨门户城

图 3-150 香港望东湾青年旅舍

6) 在城市规划中

在城市规划中,"门式"建筑大多居于轴线首尾、交汇处或居中,这与古代城镇布局中"门"的位置相同,所起的作用也是作为城市的标志或成为城市街道的对景,形成城市空间的序列感和层次感。如图 3-151 所示,这个门位于巴黎东西向历史轴线的延长线上,是城市东西轴线上的一个重要节点,体现了"展望未来,为世界打开一道门户"的设计理念。

图 3-151 巴黎德方斯门

(法国,J.奥德图,1986 年)

3. "框式"建筑

"框式"建筑与"门式"建筑外观造型相似,都是在建筑的某一处开设或组织空洞,但它们的创作思想却不尽相同,可以说是"同果异根"。下文介绍的是"框式"建筑的几种常见创作思想。

1) 中国传统的辩证艺理和美学思想

在"有无相生、虚实互用"辩证思维的影响下,华夏美学明显地表现出崇尚"空灵"的审美取向。推崇"空灵",摒弃窒塞和板滞是中国艺苑各门类共同的艺术追求。例如,中国书画讲究布白、留白、计白当黑的营造和运用。在画面上,留出空白处主要在于能够和实处(即有笔墨处)互相配合、互相生发,不但鲜明地突出了主题思想,而且使整个画面显得灵活而生动。

2)中国园林艺术"瘦、透、漏"及借景的处理手法

建筑借某些自然条件来丰富其自身的形象,是一种常见的手法。"俗则屏之,嘉则收之""远者纳之,近者怀之"。建筑中透空的"洞"要注意充分利用环境中的山、水、林、泉、岩、石、古迹、光影等等,使之构成一定的可观景色。如图 3-152 所示,流畅的弧线造型,表达了"瘦、透、漏"的理念,湖光山色相互映照,丰富了空间层次,体现了"我见青山多妩媚,料青山见我应如是"的意境。

3)注重民族性和地域性的思想

追求地域文化内涵及外在形式特征的乡土观念和思潮,注意地方文化的顺应与认同,是建筑艺术形式、风格探索的社会基础和原动力。如图 3-153 所示,塔楼中间透空,调整了建筑的细长比,显示出建筑的挺拔。据说此建筑构思来自中国字的笔画。

图 3-152 杭州千岛湖西园大厦

图 3-153 中国台湾高雄东帝士 85 国际广场

(李祖原,1997 年)

4)"缘侧共生"的中介思想

中介空间是指一种既不属于内,亦不属于外,而是两者兼容并蓄、亦内亦外的空间形态。中介空间的处理手法自古有之,如中国传统中的檐廊空间、步廊、骑楼,西方古典建筑神庙中的前室和柱廊等等。

在近现代建筑空间理论的发展中,日本建筑师黑川纪章提出了"中介"理论。他认为中介领域体现在"空"、"静隙"和"模糊性"之中。黑川纪章把日本传统建筑中的"缘侧"(如中国的檐廊)看作典型的中介空间,将注意力集中在私密与公共、部分与整体、个人与社会、建筑与自然环境、室内与室外、历史与未来的过渡空间上(见图 3-154)。在设计中应用格构、柱廊、户外门廊、大面积屋顶等形成了丰富多彩的中介空间,使建筑由多个层次组成,由外至内产生柔顺的过渡,使人有渐进感、深度感和层次感,成为内部空间活动的延伸或外部空间活动的渗入。在实质与心理上具有媒介、隔断功能,同时也为人们的活动场所提供了更为广泛的选择机会,还弥补了由于内外空间完全隔断对人的心理带来的负面影响。

图 3-154　东京福岗银行

（日本，黑川纪章）

5）将自然要素引入建筑的思想

20 世纪 70 年代以来，环境保护运动日益扩大，人们对绿色城市和绿色建筑的期望也应运而生，一些建筑已开始尝试利用自然条件与人工手段来创造良好的富于生气的环境。如图 3-155 所示，该建筑的塔楼由五层高的中庭相连，组成了门式造型，斜圆柱形的采光顶保证了室内的采光与室内效果。

图 3-155　东京电讯中心

（日本，日综建株式会社设计事务所，1996 年）

6) 建筑功能或建筑结构等的需要

许多办公或住宅建筑往往带有商用裙房,裙房中的中央大厅,常需要大尺度、无视线遮挡的空间。带有这类大厅的建筑,一般将塔楼置于裙房后,如受到用地条件的限制,就只能将裙房设在塔楼底部,但这样会使塔筒阻断空间和视线,为了解决这一矛盾,就要将塔筒放置在两端,这就为"门洞"式造型创造了条件。

建筑结构决定形式,形式服务于结构,又是结构的外化表现,这是建筑创作的规律之一。日本东京电气本社大厦高度为100多米,共43层,建筑所在地是低层和中高层混建的普通市区,周围是公寓。为了和当地环境适应,不对周围居民产生干扰,初步设计提出了八个基本形进行讨论、分析和评价。设计师邀请风工学研究所对八个方案模型进行测定,测定建筑周围320米半径的范围。实验结果表明:在建筑物上开洞口,比不开洞的风速增加领域少,并且洞越集中越好。根据实验结果,设计师在建筑中央开设了10层高的"门洞",称为"风街"。这样当南北向的风通过这个"门洞"时,尽管这时风要下降并向两侧分离,但开洞使两侧的风量大大减少,加上建筑的体型层层上收,减少了上部的迎风面和两侧风吹下来的机会,这样不仅解决了建筑底部的风速问题,还兼顾了周围的公寓各层居住的人们的风环境(见图 3-156)。

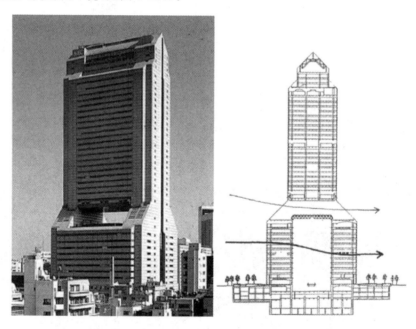

图 3-156 东京电气本社

(日本,株式会社日建设计,1990 年)

4. "门式"建筑中的隐喻和象征

从空间组合及造型上来看,"门式"建筑可分为透空型和半开敞半封闭型(见图 3-157～图 3-160)。

不同表达方式的"门式"建筑以隐喻或象征的手法,将建筑本身的功用性质、精神特点、美的风采昭示于人,同时把"门"中所蕴含的信息通过建筑形象表现出来,在人与建筑、主观世界和客观世界之间架起一座沟通的桥梁,以激发人的想象力和心理趋向,使人们能把握建筑的意蕴,感知和理解建筑师的创作意图。同时,建筑也因为蕴含了隐喻和象征而使自身原有的无生命的物体(材料)

具有艺术的活力,丰富了建筑的思想、文化内涵。而建筑形式美的意境就在这种丰富与拓展中得到进一步完善与升华。

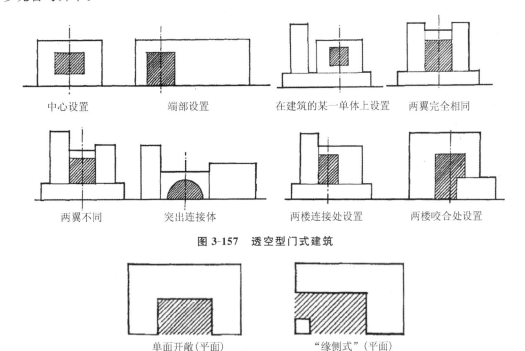

| 中心设置 | 端部设置 | 在建筑的某一单体上设置 | 两翼完全相同 |

| 两翼不同 | 突出连接体 | 两楼连接处设置 | 两楼咬合处设置 |

图 3-157　透空型门式建筑

| 单面开敞(平面) | "缘侧式"(平面) |

图 3-158　半开敞半封闭型门式建筑

图 3-159　门式建筑之一　　　　　　　　　图 3-160　门式建筑之二

　　传统的门是"门"式建筑的原型。建筑师不仅要关注它的形式,更要关注它所载有的信息。符号学认为,建筑元素或建筑符号所载有的信息,具有初始功能和二次功能(即原始功能的拓展),在历史进程中它们都可能经历耗失、再开发和各种代换过程,并在这个过程中包含或体现某种思想。门作为一个建筑元素,它的初始功能是通出入,历史的发展与外界环境的变化不断使门的初始功能耗失、再开发和代换,不断赋予门以新的含义,这些新的含义就是门的二次功能。

　　门的初始功能:通内外,司防卫。

　　门的二次功能:通内外——枢纽、关键、开关、转换、变化、承前启后;司防卫——门户、关塞、要口……

包含(或体现)的思想:礼制、门第、风水、标志、纪念……

选取门作为创作原型,就要研究门的形象,了解门的初始功能和多变、开放的二次功能,在此基础上根据不同的环境和多样的功能要求进行设计,使建筑作品经历不同的理解和交流的变化,赋予建筑以历史、文化内涵。

3.3 解构篇

解构主义原本是 20 世纪 60 年代起源于法国的一个哲学思潮,最先在哲学和文学批评领域产生影响。一般认为解构主义(Deconstruction)是后解构主义哲学家雅克·德里达的代表性理论。解构主义基于对传统的一元专制的反抗,改变稳定的、一成不变的秩序。它反对个性的压制,反对人们对科学与技术的极端迷信,反对任何先进的形式,进而对其进行颠覆、解体。解构主义把事物的非同一性和差异的不停作用看作是存在的较高状态,否定结构的永恒性。

20 世纪 70 年代后,西方一些先锋派的建筑师将解构主义理论应用于建筑设计领域,他们以一种复杂的、动感的建筑形态来表达对个性自由的追求,以及对专制和等级的藐视。解构主义反对传统的价值观念,消解传统的秩序体系,显现出激进的思想和变革的态度。20 世纪 80 年代以埃森曼和屈米等为代表的西方建筑师提出的解构主义建筑思想与作品表现的一些观点大致如下。

① 解除了古典构图原则的主从、隶属关系,建立起新的体制。它不是虚无的破坏,而是分解之后的重组,具有解构与重构的双重意义。

② 建立起三个自律的抽象系统:点系统(物象系统)、线系统(运动系统)、面系统(空间系统)。在系统的叠合、相互关联、相互冲突、各个差别的状态下,使整体最大自由地做出相应的布局。

③ 抛弃一切已有的先例,从中性数学结构形成理想的拓扑构成着手,设计中强调多系统、无中心、不稳定和持续变化,打破了传统的法则。

1988 年美国纽约现代艺术博物馆举办的题为"解构建筑"的展览,成为解构主义建筑在建筑发展史上的一个里程碑。至此,解构主义建筑在全世界范围内开始有了较大的影响。

解构主义哲学对建筑设计领域而言无疑是将所推崇的反常规的、颠覆性的精神表现于建筑美学,在建筑形式上表现为对纯粹几何形体与既存的僵硬秩序的否定。但解构主义建筑也没有统一的建筑形式与建构方法,他们只是基于对传统的批判,反对既定的价值观念,将意义与精神重新注入建筑空间中。

解构的方法是理性转换过程中相对独立的消解构成手法,它向理性的辩证逻辑提出挑战,动摇了传统的定位方式。但作为一种思维方法,它运用形象构成手法实现建筑的生成和转化过程,在表面上似乎呈现某种无序状态,但在形象生成与逻辑思辨方面还是有明显的内在联系。

解构论的设计方法体现在作品上有以下几个特点。

① 以构成主义的手法,建筑元素、符号通过重构、交叉、叠置,显现形式上的"错乱"状态。

② 把先前形态的整体进行间离、片碎、分裂,这是对原有规则的约定和传统构图方法的颠倒与反转,无怪乎有人惊呼"构图原理"要重写了。

③ 解构主义建筑不仅将那些已为人们熟知的基本形式、城市文脉以及对原形的"是"与"非"的界定否定,同时还形成基本形式上的夸张、无中心、不协调,以及时空上的张力和视觉上的冲击力。

在某种意义上,解构主义建筑将打破现代主义的精英统治论,并把形态构成要素推向一种极致。因此,20 世纪 80 年代以后出现的多元化设计倾向的作品所表现出来的个性、风格、情趣以致不同手法都可以归入"解构"的一派中来。

解构主义建筑作为一种建筑现象,对现代主义建筑之后的建筑发展产生了较为重要的影响,它向人们展示了具有强烈个性的建筑形象,为人们提供了更加开阔的建筑发展思路。

3.3.1　穿插

1. 释义

《汉语大词典》中对"穿""插"有其相应的释义。穿:破、透、通过;插:刺入、加入。在小说、戏剧等文艺创作上,穿插是写作中为了衬托主题而安排的各种次要情节。在汉字结构中,由点、划(线)连贯穿插。穿者,穿其宽处;插者,插其虚处也。如"中"字以竖穿之,"册"字以横穿之,"爽"字以撇穿之,皆穿法也;"曲"字以竖插之,"密"字以点琢之,皆插法也。穿插以其虚实相生,"计白当黑",在笔墨处皆成妙境。建筑的穿插虚实相间,其理相通。

在造型艺术中,顾名思义,穿插就是两个或多个形体相互穿破各自的界限(有形的或无形的边界)而交叉、通过、穿破、切合、叠加或并置,或者使两个物体互相渗透交融,是后来者打破、打断原来的形体和过程等的一种行为,使原本简单明了的性质变得不定、多变、复杂和丰富,造成一种冲突与变异的效果。

穿插可以是实体上的、概念上的、虚有边界上的,也可以是轴线延长后的交叉。互相穿插的两者可是同质的,也可是异质的,有大小、主从、外观、质地等的区别。

2. 穿插所形成的空间

当两个空间相互穿插时,依其穿插后形成的公共空间的归属,可分为以下三种情况(见图3-161)。

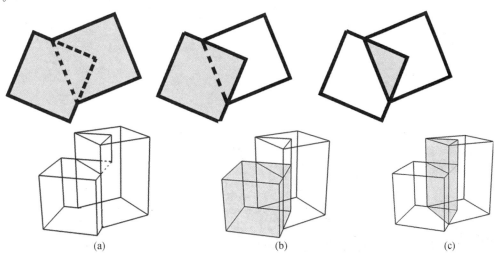

(a)　　　　(b)　　　　(c)

图 3-161　穿插所形成的空间种类

① 公共空间为原来的两个空间所共有。

② 一个空间与另一个合并,并成为它的一部分。

③ 公共部分独立,变成原来两个空间的连接部分。

在实际的设计中,经常将这几种情况进行综合运用。

3. 穿插的特征

现代设计的形态构成要素是点、线、面、体。在空间构成的多种手法中,穿插是以这些要素从三维到四维角度来组构形态与空间的。两个或多个形态要素互相叠加、交叉、切合形成的规则或不规则的空间,打破了传统空间分隔的通常横平竖直的视觉平衡与惯性思维。形态之间的穿插产生的多变空间带给人视觉上的不安、多变,迥异于以往的视觉空间感知。

1) 几何形态的对比与冲突

当两个或两个以上不同的或对比的几何形态连接时,设计者在矛盾状态中并不是进行调和或压抑个性,而是充分展示形态的个性独立和冲突,并赋予其多重含义。这是对理性主义和谐一面的反叛,从而建立起非理性的和谐。

图 3-162 中,上大下小变化的椭圆柱与斜向切割的矩形建筑主体穿插,竖直和水平方向上的斜线在视觉上形成强烈对比,充满动感。图 3-163 中,从伽利略圆圈到开普勒椭圆,再加入向心性几何结构以及多圆心椭圆,以几何学体现欧洲建筑的基础——古典主义与巴洛克风格的多元化时代多种文化的相互交融,巨大几何形的穿插既对立又互相依存,这正是不同观念的共存与和睦。

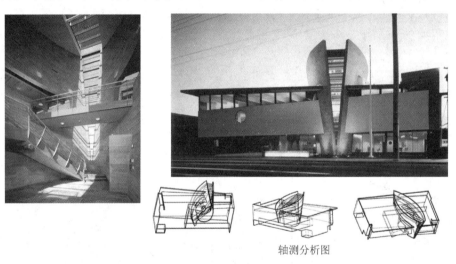

轴测分析图

图 3-162　几何形态的对比与冲突

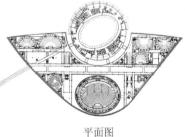

平面图

图 3-163　欧洲联盟议会大厦

(法国,斯特拉斯堡,1998 年)

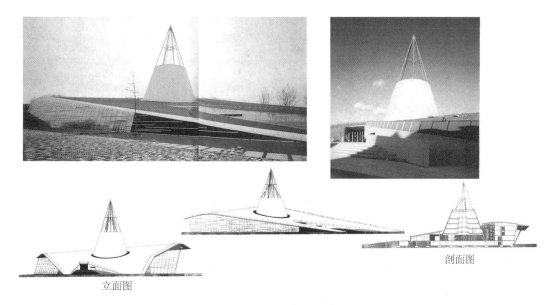

立面图

剖面图

图 3-164 科技大学图书馆

（荷兰，Mecanoo Architecten，1998 年）

2）动态与瞬间的表达

建筑具有稳定性，以彰显牢固与可靠，在建筑审美中，历来强调静态美和永恒性。辩证法认为运动是绝对的，而静止则是相对的。运动感最明显的是由曲线传递的，但也可以由直线传递。在哥特式建筑时期，曾用高耸入云的尖塔表示一种升腾之势，在巴洛克风格时期，建筑师们大量运用圆弧、曲线等表现动态，因此，在静止中寻求相对的动态美也是设计者的理想。20 世纪 60 年代，人们已经开始不满足于现代建筑形式上的僵化刻板，希望有变化的、运动的观念渗入。

穿插方法创造了极具魅力、复杂、多变、暧昧的现代空间，在相对的静止与绝对的运动关系中，表达空间的动态与瞬间，多视角展示对空间产生的一瞬知觉以及在空间的连续活动（加入空间的第四维度——时间）的体验。在建筑空间中（如共享空间、商业中庭等）自动扶梯、廊道的穿插布置，人行的穿梭、往返，在静态中加强了动态，这是现代建筑常见的设计手法（见图 3-165）。

(a)　　　　　　　　(b)　　　　　　　　(c)

图 3-165 空间中的穿插

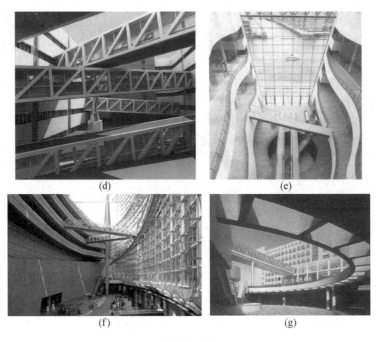

续图 3-165

3) 几何形态组合的新思路

古希腊哲学家柏拉图对几何形状,如圆形、方形、三角形等推崇备至,他认为它们是建筑造型中最基本的决定因素。古典主义拘谨、严格、庄重的几何形组合以及早期现代主义功能决定形式的线形思维,导致造型的刻板与僵化。穿插的操作看似在"不经意""撞击""不协调"的组合中表现出了"非理性"的对比与冲突,但在反逻辑思维的倾向中却建立起"秩序"的重构。

日本建筑师筱原一男在他的作品——东京工业大学百年纪念馆中,应用穿插的手法将一个多面柱体和半个圆柱体贯穿(见图 3-166)。矶崎新是在西方影响下成长的新一代日本建筑师,源于圆和方的圆柱体和立方体是其建筑符号的代表。他的解释是立方体来源于"天柱"——古代日本建筑中具有神圣意义的大柱,而圆柱体是西方的传统(见图 3-167~图 3-169)。

图 3-166 东京工业大学百年纪念馆

(日本,筱原一男,1987 年)

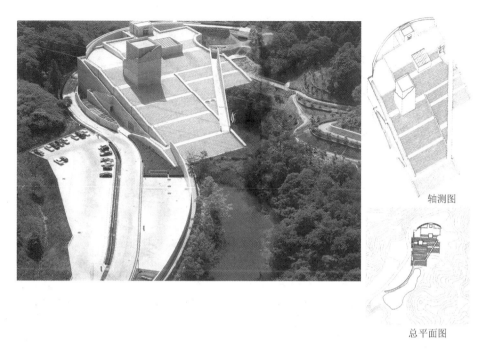

轴测图

总平面图

图 3-167　Chikatsu—Asuka 历史博物馆

（日本，矶崎新）

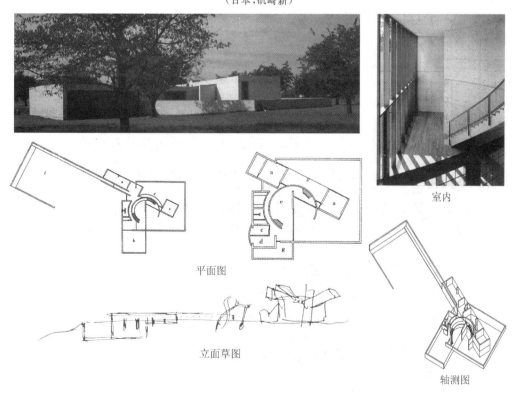

室内

平面图

立面草图

轴测图

图 3-168　德国维特拉家具厂会议中心

（安藤忠雄，1993 年）

平面图

图 3-169　科隆技术测绘学会学院

(德国,1994 年)

4) 穿插中的操作

点:没有长、宽、高上的维度,因此无所谓点的穿插。建筑面、体上的细部,从宏观上可视为点。点的群化与色彩、光的构成,表达了点构成的创造性。

线:在三维空间中,直线有相交、平行、异面等三种情况,由于线条的多样性,线在空间进行穿插能产生秩序、韵律与动感。

面:各种形态的面是线在空间中运动的轨迹,与一维的线相比,二维的面有更多组合方式。面的形状、位置、尺度的不同,使其所限定的空间具有多维的特征,在多变的不经意组合中产生时尚、新颖的视觉冲击与空间震撼。材料、质感、光影等关系要素在穿插空间中也有不可忽视的作用与效果(见图 3-170、图 3-171)。

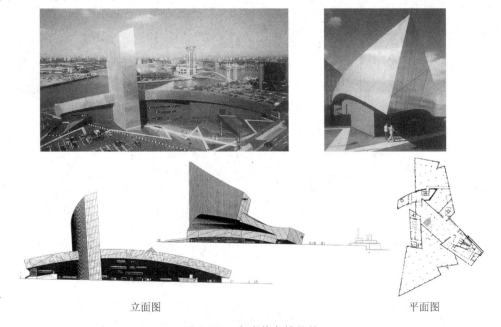

立面图　　　　　　　　　　　　　　　平面图

图 3-170　皇家战争博物馆

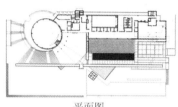
平面图

剖面图

图 3-171 玻璃博物馆

（美国，A. 埃里克森，2002 年）

体：在建筑中，真正的体的穿插是不存在的，人们感受到的是各种"壳"的结合，复杂多样的空间体的穿插是空间形态构成的重要手法之一。

在线与线、线与面、面与面、面与体、体与体等各种穿插的操作中，提供了最直接、最多样的空间形态构成，不少著名的建筑作品中穿插的运用非常巧妙，充分体现了建筑师的理论深度与风格，一些选例的分析将有助于对这一手法的理解与运用（见图 3-172～图 3-186）。

弧形建筑部分第三层平面图

首层平面图

图 3-172 韩国国际学校

（中国香港）

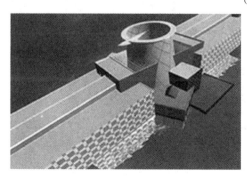

平面图

图 3-173 佛罗里达奥兰多迪士尼总部大厦

二层平面图

一层平面图

图 3-174　南阳理工学院国际会馆

(顾馥保,2001 年)

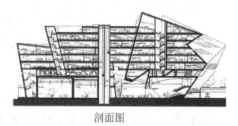

剖面图

图 3-175　香港城市大学多媒体中心

(D. 里勃斯金)

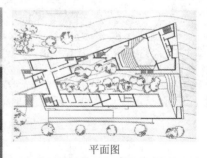

平面图

图 3-176　Palmach 历史博物馆

(以色列,Zvi Hecker,2002 年)

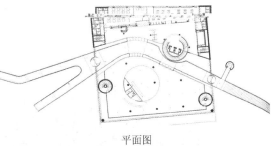

平面图

图 3-177 丹麦奥胡斯现代艺术博物馆

（拉森等,2004 年）

图 3-178 德国维特拉家具厂博物馆

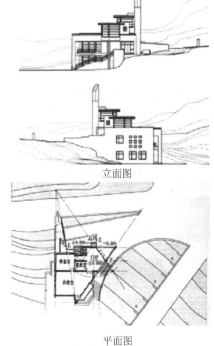

立面图

总平面图

平面图

图 3-179 葫芦岛市海洋气象站

（张伶伶等,1998 年）

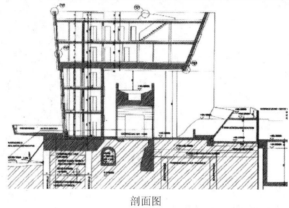

剖面图

图 3-180　某水闸改造

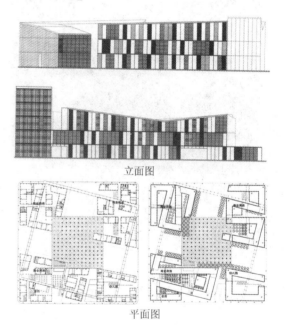

立面图

平面图

图 3-181　苏州商业街坊

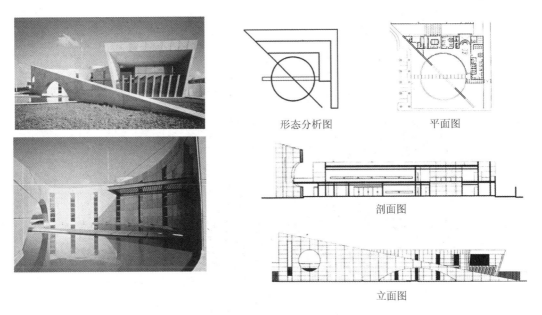

形态分析图　　　　平面图

剖面图

立面图

图 3-182　**Bacsa Corporation**

（墨西哥,1999 年）

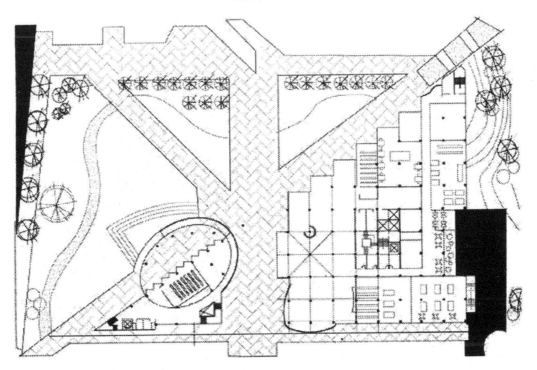

图 3-183　韩国大学图书馆

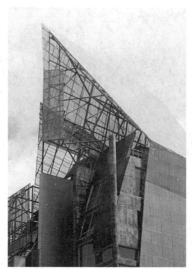

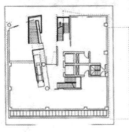

各层平面图

图 3-184　太阳大厦

（汤姆·梅恩）

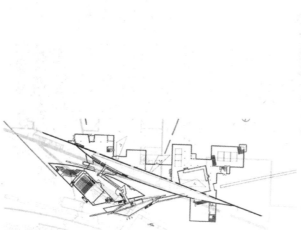

平面图

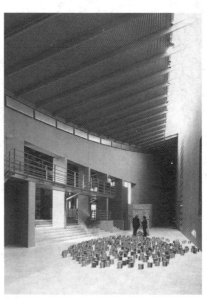

图 3-185　Arken 现代艺术博物馆

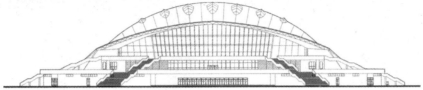

剖面图

形态分析图

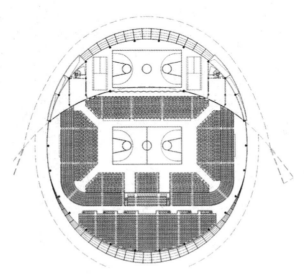

平面图

图 3-186 盐城体育馆

3.3.2　错位

1. 释义

从原始艺术品到现代设计作品,错位作为一种创作手法,经历了漫长的人类造型文化历史发展进程,如古埃及时代的神、狮身人面像,中国的龙,佛教的千手佛,以及表现在建筑造型上的人体柱式、错位的装饰构件等(见图 3-187~图 3-189)。

图 3-187　狮身人面像

图 3-188　千手佛

图 3-189　女郎柱

《辞海》中对"错"的解释为：① 杂错；② 交错；③ 彼此不同等。总之，"错"有变动之意，变则意味着创新，意味着将事物原有状态打破并重新组织新形象。《辞海》对"位"则解释为：① 方位、位置；② 居、处；③ 职位、地位等。错位不仅仅是一个形强加到另一个形上的简单相加，它所带来的矛盾能吸引人的注意力，是一种不对称的、错位的、非规律性的对比关系所给予的强烈冲击力量。

对造型艺术而言，错位的目的不是形式的杂乱、无序，它不是混合、拼凑，而是以对立统一的辩证思维为指导，是手法上的一种创新。

建筑中的错位包括如下两个方面。

一是指在单体或群体建筑构图中两个以上或者可以区分为两个相对独立或不相干的对象，它们之间的空间位置与逻辑关系打破了横平竖直的正交坐标体系的限制，产生不对称的、错动的、非规则的对比关系。

二是指由不同事物的整体或部分组合成为建筑整体，形成陈杂、混合的一种强烈视觉形象对比形式。

2. 错位的特性

1）模糊性

打破了不同形象非此即彼以及线性思维模式的划分方式，忽视了边界条件、空间分隔及中介存在的多样性等。

2）整体性

构成元素、符号的移位、夸大、张冠李戴，甚至对几何原型的肢解，打破不同元素之间的结构关系与固定模式。通过多种手段如剪裁、拼贴形成整体性的表达，给人或直觉或想象的余地。

3）随机性

冲破现代主义形式构成的严谨理性规则，摆脱"形式追随功能"的经典教条的桎梏，引入了偶然、随机、片断的东西，以不寻常的逻辑、不寻常的音节、不寻常的组合产生不和谐的"和谐"。错位有时也会被人看作是对要素可笑的误用，或有趣的幽默，甚至杂乱无章的堆砌与凑合。

3. 错位产生的方法

1）变位

（1）二维位置错位

用两个相同的方形作为单元形，比拟建筑立面中的开窗来研究形体位置的错动。按照古典建筑范式，建筑立面中开窗通常是沿水平和垂直两条轴线相互对正的，形成对位关系。错位就是要打破这种图形间的对正关系，通过它们的位置在水平、垂直或两个方向同时变动，使原有的对称关系不复存在（见图 3-190）。

（2）空间位置错位

三维空间中的方体的对位关系，往往体现为通过其中心的三条定位轴线中任意一条轴线的重合，两个立方体水平轴线（x）重合，其他两条轴线相互平行，形成对称的空间效果。空间位置错位就是要使两个形体之间表现出位置的错动，因而必须使三条轴线均不重合，它们之间的关系呈现出明显的不对称特征（见图 3-191）。

2）变向

变向即改变角度。在二维或空间错位中，错位后单元形的轴线虽然不重合，但相互间仍然保持平行关系，而变向错位则改变了轴线原有的平行关系，运用旋转法使之形成任意自由的角度，不仅改变了单元形之间的相对位置,而且使其具有不同的方向性,变向错位分二维和空间两方面(见图 3-192)。

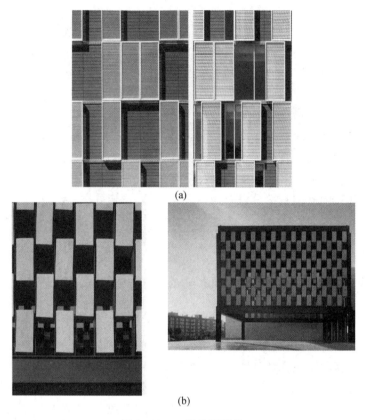

(a)

(b)

图 3-190 二维位置错位
(a)立面中窗水平方向的错位;(b)立面中窗竖直方向的错位

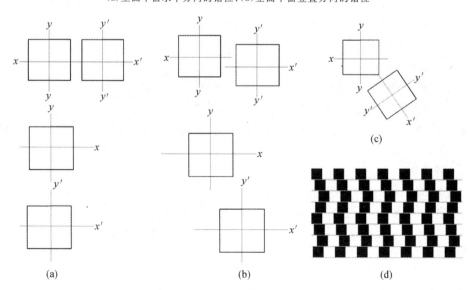

(a)   (b)   (d)

图 3-191 错位分析之一
(a)二维位置对位;(b)二维位置错位;(c)二维变向错位;(d)二维的错位

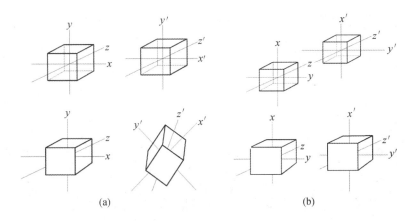

图 3-192 错位分析之二

(a)空间变向错位;(b)二维方向错位

（1）二维变向错位

在水平面上进行旋转,移动到与所对位的形体不正对的位置。

（2）空间变向错位

单元体在三个轴的方向上都有角度的变化,打破对位状态,形成非对称、不正对的空间关系。

4. 建筑中的错位形式

1）建筑中的构图错位

在建筑形式构图中,错位作为对位的相对面,有着自身的特点与性质。错位与对位的相同之处在于:都是基本形体(母题)按对立统一原则进行的排列组合,使建筑获得抽象的建筑美感,注重的都是抽象的形式美。与对位的不同之处在于:对位手法的应用使建筑具有稳定性和形态的恒常性,而错位手法的应用使建筑具有形态的不确定性,使人们在观看时感受到一种紧张,产生想改变它,使之成为对称、规则图形的想法,格式塔心理学家称之为"完形压强"。因此,运用错位手法能使建筑形态具有不对称、富有运动感的形象特征。

（1）点的错位

在原有稳定的点的对位形式的基础上,打破其排列秩序,重组后相对原有排列在空间上形成定向的改变。如图 3-193 所示,该住宅建筑的每个居住单元和基地相比,呈现点的视觉特征,各点以交错的位置排列,有趣生动。

（2）线的错位

线的错位指线相对于对位线产生位置与方向上的变化,使线的排列方式发生改变,或在线的连续性方面增加渐进性,打破线对位排列时的连续性与均匀性,使线的位置、方向变动,具有运动感与明确的方向性。如图 3-194 所示,不同的办公空间呈线形,相互交错,外部形象与内部空间都极富变化。

（3）面的错位

面的错位有多种方式和表现形式,在建筑形态中能起到活跃视觉效果的作用。

2）建筑中的形象错位

（1）形象错接

形象错接是以不同形象、建筑符号作为形象错位形式的主导因素,或将建筑以外的事物形象与建筑结合,使之成为建筑的一部分。

图 3-193　点的错位

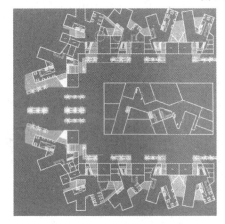

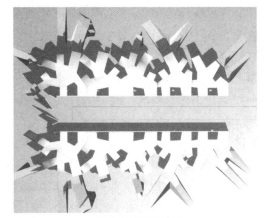

某办公建筑平面图

图 3-194　线的错位

（2）时空错位

时空错位是将时间作为形象错位形式的主导因素,将代表不同历史时期的建筑片断组合,是一种文化上的错位。时空错位在一个建筑中体现时代的变迁,使各自本应属于本时代的建筑片断组合形成多样化的建筑形式,表达了新的意义。

5. 构成建筑形象错位的手法

1）并置式

并置式是将事物整体或部分作为独立要素,与建筑本体共同构成建筑环境,从构成角度来讲,并置式是在图形视觉元素的整体或某些部分上截取,然后换上另一些视觉元素,通过对比使整体更具视觉冲击力(见图 3-195)。

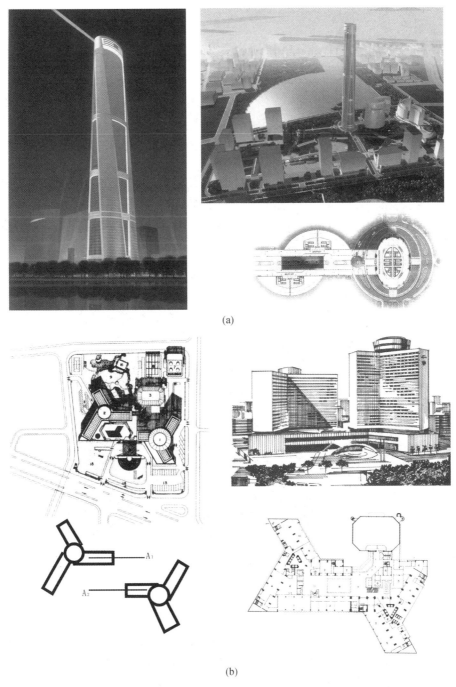

(a)

(b)

图 3-195　并置式错位

(a)松都大宇城;(b)广州花园酒店

2)拼贴式

拼贴式组合手法是将不同时代、不同地域的建筑片断,组合成随机的、偶然的形式。这种形式顺应艺术大众化、多样化的潮流,使来源于大众的艺术又回到大众中去,以轻松的方式表达社会心态的丰富与复杂(见图 3-196)。

(a)

(b)

(c)

图 3-196 拼贴式错位

(a)立面错位;(b)形体错位;(c)上下形体错位

3)叠加式

叠加式是以相似或相同形体的错位叠加产生新的形象。适当使用叠加错位手法,能够使建筑形态变化多样,加强建筑的视觉感染力,如图 3-197～图 3-202 所示。其中,图 3-200 中,该建筑是一个自然保护区小岛上的娱乐度假设施,在保护生态的要求下运用高科技达到能源的自给自足,节能与中水供应等,在造型、景观、内部空间上以不同的折面和曲面的重叠、错接、垂挂等使人工的建筑与自然形态得到较好的结合。图 3-202 中,该建筑以三叶草形为平面格局,空间上采用双螺旋结构,三叶草的叶片围绕一个三角形的空间盘旋缠绕,形成六处横向延伸的平台,交替占据着单双数的楼层,使多平台的斜坡在其间沟通,形成展览、公共活动以及服务系统密不可分的复杂整体。总体被抬高约 5.6 米,形成了一处平缓、高雅的景观活动场地,与后期扩建的试车场、新车中心形成一个更具文化色彩的场所,从城市地平线上突兀而起。

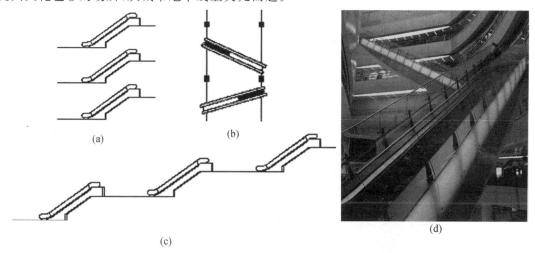

图 3-197　自动扶梯的错位方法
(a)对位;(b)错位;(c)连续;(d)跨层错位

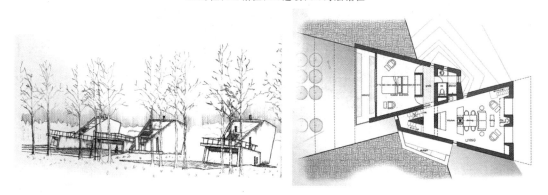

图 3-198　自给自足的住宅

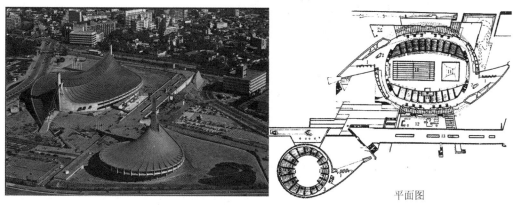

平面图

图 3-199　东京代代木体育馆
(日本,丹下健三,1964 年)

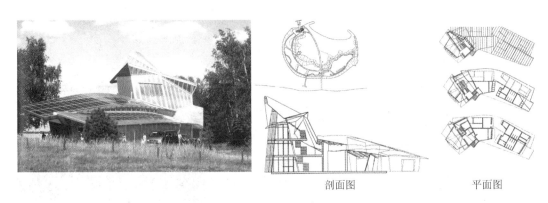

剖面图　　　　　　平面图

图 3-200　施泰因胡德休闲设施

(德国,2000 年)

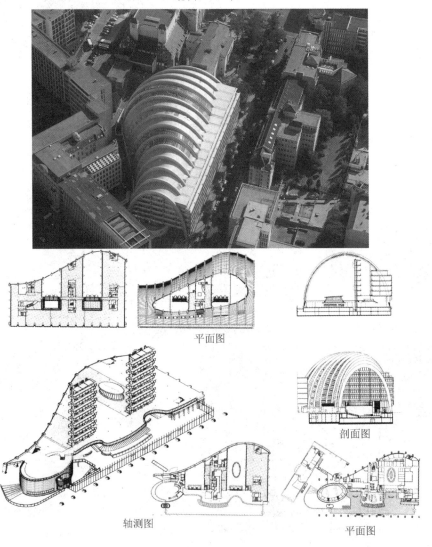

平面图

剖面图

轴测图　　　　　　　　　　　平面图

图 3-201　柏林 L.厄尔哈德大厦

(N.格里姆肖,1998 年)

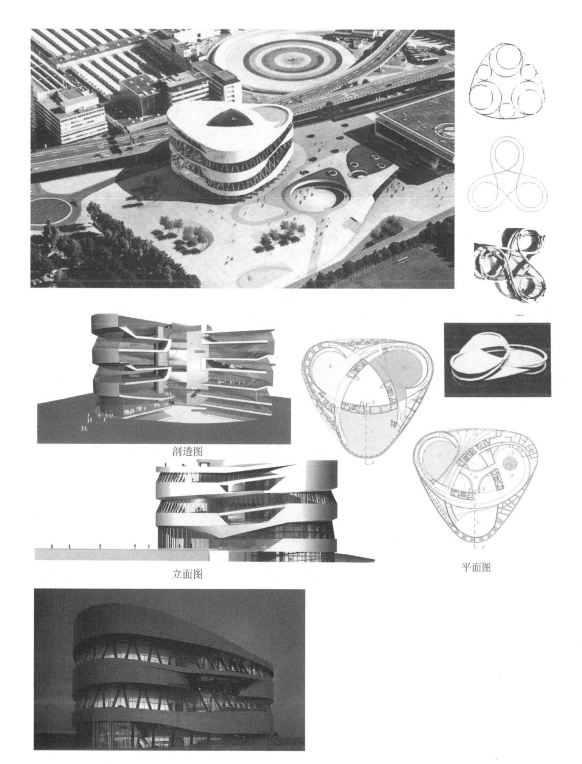

剖透图

立面图

平面图

图 3-202　奔驰博物馆

（德国斯图加特，梅塞德斯）

3.3.3　动感

1. 背景及释义

从古埃及的金字塔到雅马萨奇的原纽约世贸中心双塔,从古罗马的万神庙到安德鲁的国家大剧院,尽管建筑形态各不相同,但都属"静态"建筑。多一些观察和思考不难发现,人类对建筑中"动态"的追求并不是现代才有的现象,哥特式建筑"飞扶壁"的运用表现了"向上"的追求,中国传统建筑有"飞檐翼角""如翼斯飞",这些都是古代人追求的建筑"动感"。

在 20 世纪初,现代建筑运动开始的阶段,已有建筑师在探讨"动态"建筑,如 1920 年塔特林的第三国际纪念碑,但大都停留在构想和方案阶段。第二次世界大战后,不少建筑师对建筑中的动感有了更多的探索和实践,如夏隆的柏林音乐厅、L·柯布西耶的朗香教堂、赖特的纽约古根汉姆博物馆、小沙里宁的 TWA 候机楼及杜勒斯机场候机楼、伍重的悉尼歌剧院等,都较好地表现了建筑中"动感"的一面。

概括地说,建筑形态的"动感"是通过建筑形态创造所产生的一种"动势",是视觉力场和视觉力度所造成的视觉感受。

2. 点线面产生的动感

点放在视野中就会有存在感,点处在环境中心时,其本身是稳定的、静止的,而且还可以控制它所处的范围。如果将点放在偏离中心的位置,它所处这个范围就会变得比较有动势(见图 3-203)。

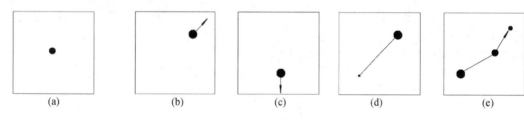

图 3-203　点的动感分析

(a)稳定静止控制四边;(b)上升运动;(c)下降;(d)强力相吸引;(e)点的动感

当视野中存在两个点,在两点之间就会产生相互牵拉的视觉张力。

当出现三个点时,则会形成一条无形的折线,若大、中、小三点并列放置,一种沿着大、中、小顺序或相反方向的动感便会随之产生。

直线作为造型中运用最普遍的要素,结合功能、划分和组合可以产生水平或垂直方向的动感;线的方向、疏密、重叠和排布方式同样可以产生节奏感和运动感(见图 3-204)。

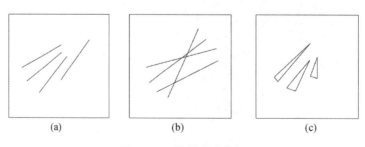

图 3-204　线的动感分析

(a)方向、聚焦;(b)疏密;(c)粗细、楔形;(d)动感线条序列;(e)洛杉矶奥运会会徽

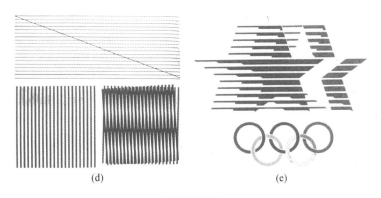

(d)   (e)

续图 3-204

　　曲线、弧线具有波动、上升的视觉特征,螺旋式楼梯、波形屋面等都是产生动感的重要元素(见图 3-205)。

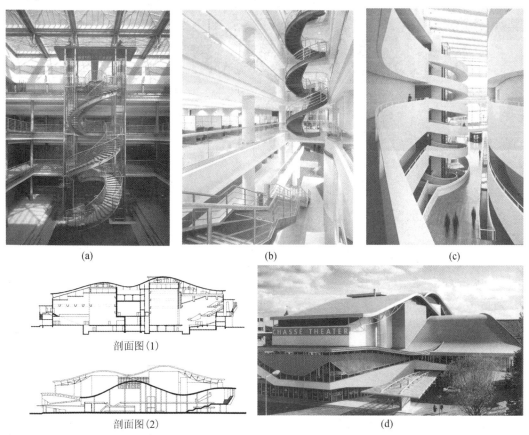

(a)   (b)   (c)

剖面图(1)

剖面图(2)   (d)

图 3-205　楼梯和屋面中曲线的动感

(秘鲁,汉斯·霍莱恩,2001 年)

(a)莱比锡新会展中心玻璃大厅;(b)同业银行总部;(c)某建筑室内;(d)某剧院

　　面可以起到限制体积的作用,面的属性以及它们之间的组合关系决定着面所限定的建筑形态的视觉特征。

3.动感构成的手法

1)倾斜

水平与垂直的线条是人们惯常接受的力的式样——与重力平行或垂直。倾斜是指物体偏离了垂直、水平等基本空间的正常的平衡位置,这种偏离了正常平衡位置的物体看上去好像有种要回到原来正常平衡位置上的倾向。

Z.哈迪德偏爱产生失重感的构图,她常以倾斜的形或趋势构成画面中最抢眼的元素:倾斜的地平线,倾斜放置的画面,并且经常通过选择在现实中无法获得的超常视点,令人感觉建筑好像要漂移起来,故意造成建筑的动势(见图3-206)。

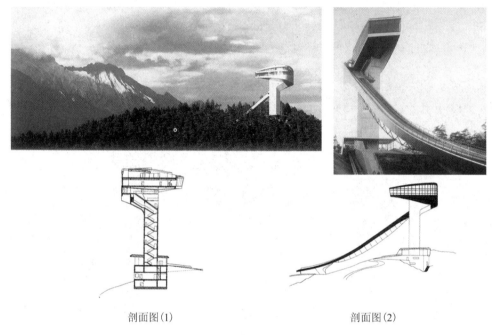

剖面图(1)   剖面图(2)

图3-206　滑雪塔

(Z.哈迪德,2002年)

2)楔形物

相对于趋向对称和平衡的长方形或与长方形比例相同的线条,楔形物造成的运动感要强烈得多。人们在观看这类图形时,视线总是在较宽的一端和较窄的一端之间往复移动,可以感觉到运动力由基底向高峰逐渐增强。通过使用这类图形,可以产生以较宽的边为基底逐渐向较细的一端前进的运动效果。

Z.哈迪德经常将扁平的长弧组合在图形中,或用它来代替楔形的一二道长边,或者是将弧形的路、墙等切入建筑,割出一些楔形的部分。这些图形比一个纯粹的楔形轮廓线的运动感显得更加强烈,因为我们从中得到了运动力以各种不同的速度扩张和收缩的体验。

图3-207中,该建筑采用充满动感斜线的构成至少出于两个想法:一、建筑的周边都是规矩死板的厂房,需要通过一些活跃的因素"定义空间"(扎哈语);二、建筑的功能是消防站,担负着城市的安全责任,充满紧张感的构成表明一种警戒的意味,一种在任何危急关头都能采取措施的能力。图3-208中,该建筑外部跨越屋顶的小路逶迤在地势起伏的基地并通向另一侧地面,在屋面层又有穿

插于内部空间的廊道与参差错落的绿化沟道,体现了"动态"建筑的"美"。

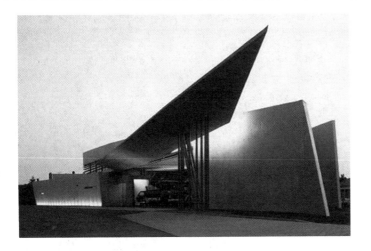

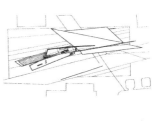

平面图

图 3-207　维特拉消防站

（英国,Z. 哈迪德）

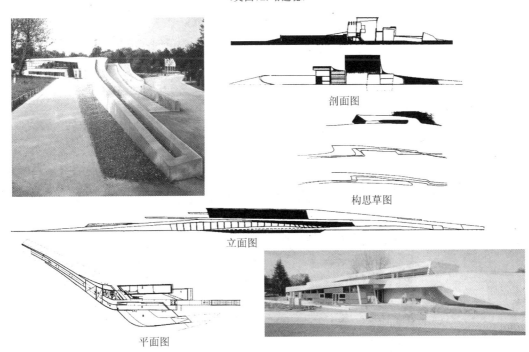

剖面图

构思草图

立面图

平面图

图 3-208　德国魏尔市园林展信息廊

（英国,Z. 哈迪德,2000 年）

3）重复

物体的运动可以看成是物体在位移方向上的重复出现。其实,一个物体之所以产生运动,其真正的原因就在于它在位移方向上有一种力的作用。因此,当物体产生运动时,人们不仅会看到物体发生了位移的变化,而且会感知到物体位移的方向上有一个方向性的推动力,只有感知到这种力,我们才能体会到物体的运动。

重复的造型元素可以是等量的,也可以是不等量的。在重复的造型式样中,如果没有形成方向性的推动力,或是各方向的推动力大小相等,在人的视知觉中也就不可能产生某种动感。要获得某种动感特性,就必须存在一种方向性的"推动力"。

在建筑造型式样中,造型元素在某一方向上重复出现,那么,在这一方面上就会形成一种很强的"推动力",创造出一种连续的韵律美(见图 3-209、图 3-210)。

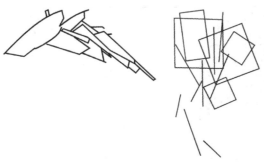

图 3-209　两个建筑平面简图

图 3-210　某住宅
(美国,R. 迈耶)

4) 交错

在建筑造型式样中,造型元素改变其原来方向而发生重复,就好像偏离了原来的位置一样,从而产生动态效果。

图 3-211 中,线条指向性的延伸、流转和疏密有致的轻重分布,以组织功能、规划和导向为指引,这是构成"动态"的基础。在结构复杂的城市空间中,藤蔓般的交缠重叠、高差起伏,使得建筑与城市空间交融缠绕,周围环境的方向和空间特征也融入当地特有的情景之中。贯穿在艺术中心的线条走势像一条轨迹,时而与网平齐,时而把墙高高架起,时而又落入地下,时而又盘旋而上,偏离了传统意义上的墙的构成,使墙适应环境功能的角色得到了升华与转变。这就是"动感"的魅力所在。

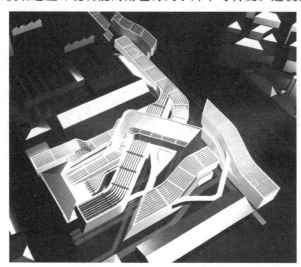

图 3-211　罗马当代艺术中心
(英国,Z. 哈迪德)

建筑师虽然不是魔法师,但在其发挥空间想象力的创作中,人们得到了全面的艺术体验。图3-212中,三组起伏的由自由曲线组成的形体交错叠加,宛如游龙飞跃,富于动感且形象鲜明,增添旧港口的无限活力,成为一个新的视觉地标。

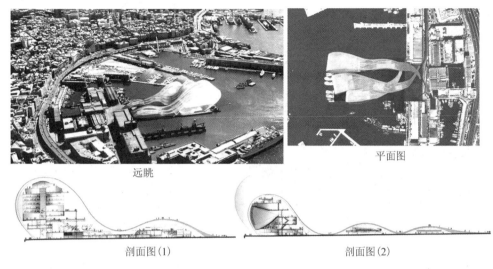

图 3-212 彭塔马洛迪文化中心
（意大利）

5）聚焦

造型元素的位移方向是向远处的某一焦点汇集,使人感觉到向心力的作用,从而使整个建筑具有向心运动的视觉动势,如图3-213、图3-214所示。其中,图3-214中,中央建筑是整个工厂建筑群的神经中枢,清晰而灵活的秩序组织,各功能的夹杂共处,合并混用的社交性空间,通过内庭的日光和纵览整体的宽敞大厅,构成了活动的活力焦点,体现了当代办公空间设计的理念,内部组织的渗透性和灵活性达到了极致。

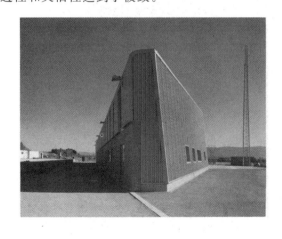 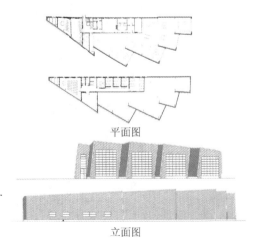

图 3-213 某消防站
（法国,Montblanc）

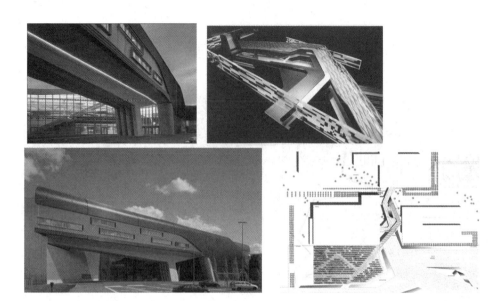

图 3-214 BMW 厂办中心(德)

(英国,Z.哈迪德,2005 年)

线的曲折、互接、交错、断续、起伏是造型设计的出发点,形成了错位的复杂空间的渗透、流动,方向被同化、被融合以致浑然一体,这是"动态"的根本体现。

6) 错视

人们在观察对象时,若发现自己主观上的把握与被观察对象之间不均衡,就会产生这种错视与紊乱。正如前述错视的现象中,在暗示重叠、震动、运动或级数式增减水平线、垂直线的宽度并重复时,就会产生动感的效果(见图 3-215、图 3-216)。

图 3-215 斯特拉斯堡车站及停车场

(英国,Z.哈迪德,2001 年)

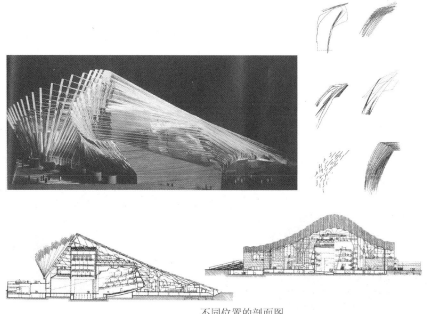

不同位置的剖面图

图 3-216　威尔士卡迪夫湾歌剧院

(英国,墨菲迪,1994 年)

3.3.4　断裂

1. 释义

当代汉语字典中对"断"的解释是将长形的东西分成两段或几段;"裂"是指破而分开。断裂就是使一个完整的事物折断、开裂。断裂造成整体各部分的分离,但分离的各部分以一定的方式和程度进行联系。

断裂打破了界面、体块的整体性和连续性,面块由缝而裂、而断以至破损。自然界山体的溪流由瀑布而断裂,山体的裂缝产生的一线天,都会起到视觉的奇、绝和震撼效果。分离与连续是矛盾的,分离是指缝产生休止、停顿和裂变(见图 3-217、图 3-218)。

图 3-217　瀑布

图 3-218　一线天

柱式上的棱、缝、砖石砌块的横竖缝,玻璃幕墙的拼缝等,对其进行比例、尺度、细节的推敲,能为建筑增色添彩。

2. 断裂产生的缝

建筑中的断裂往往要产生缝。《汉语大词典》中对缝的含义是这样描述的:窄的开口、裂口,或有某一长度并有相当深度,通常由于破裂、撕裂或分离而发生。

相对于建筑整体,它们围合成的空的部分虽然不是以实体的物质形态表现出来的,但的确有某种东西充盈其中,堪称"无形之形"。

缝隙起着多种不同的作用,其形式也是千姿百态:横向的、竖向的;均匀分布的、不均匀分布的;平面的(如色带)、立体的;常规的,不常规的等(见图 3-219~图 3-221)。

图 3-219 古典断山花

图 3-220 光之裂缝

(日本,安藤忠雄,1989 年)

图 3-221　罗率客舍活动中心

(维也纳,2001 年)

1) 缝的位置

位置不同,缝的视觉效果不同,能使人们的心理产生不同的感受,所起的作用也不同,如表 3-2 所示。

表 3-2　不同位置的感受

位置	作用
面上的缝	休止、节奏、断续
转角的缝	过渡、缓冲、转折、柔化
顶棚的缝	引导、光影、氛围

2) 缝的作用

缝在建筑中能够借助阴影增加形态的表现力,它是某种设计风格的表现,还可以通过"以开求合,以破求整,以断求连"的特殊方式起到积极引导并放松的作用。

(1) 增加建筑形态的表现力

缝是一个虚的凹入空间,在光的作用下能显示出深深的阴影。建筑几何形体上形状、深度不一的缝隙,在不同的时间和空间里会形成各种阴影,使建筑构图更加丰富,能够强烈地吸引观赏者的视线。

美国建筑师路易斯·康就运用了许多缝隙来解决光的控制和形体象征性的问题。在印度经济管理学院中,红色的砖墙上深而狭长的缝隙隔断了南亚耀眼的阳光,尽量使每片墙都与风的来向一致(见图 3-222)。

香港交易广场紧邻的双塔竖缝加强了高耸、直上云霄的视觉效果(见图 3-223)。

图 3-222　印度经济管理学院

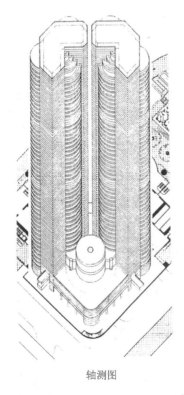

轴测图

图 3-223　交易广场(中国香港)

（2）表达设计特点

建筑师马里奥·博塔对窄缝情有独钟,他常在建筑形态上使用缝来体现其风格特征,形式多样的缝几乎出现在博塔设计的每幢建筑中。缝产生了从内到外、从外到内相互转化的机会,其与建筑的这种关系促进了建筑内部要素之间的关系建构(见图 3-224、图 3-225)。

图 3-224　兰希拉 1 号楼

（瑞士,马里奥·博塔）

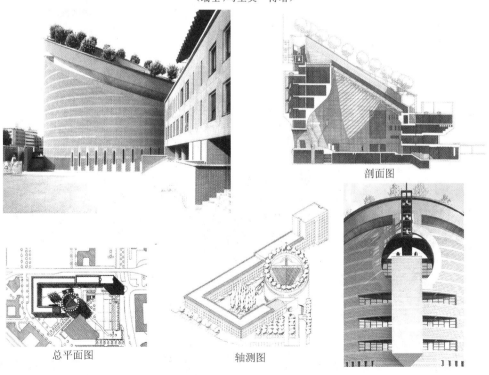

剖面图

总平面图　　　　轴测图

图 3-225　法国埃夫里大教堂

（瑞士,马里奥·博塔,1995 年）

（3）过渡与引导

空的缝同时连接着实体形式,这种"虚"的空间恰如"灰空间",起着某种过渡、传递的作用,利于在对比的形式之间进行转化和协调。如图 3-226 所示,简洁的圆形与扇形平面的穿插结合,构成了集会与社交活动的场所。教堂常用的塔与扇形面横竖缝的强烈对比,把自然环境与几何形体完美地结合在一起。

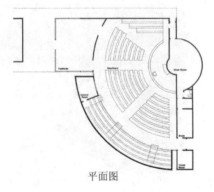

平面图

图 3-226   奥兰治盟约教堂
(美国,艾伦)

缝的另外一种重要表现形式是边缘,将建筑的表面加以限定或分离时,必须考虑到造型与结构,这种处理往往出现在它的边缘。边缘缝使得形体转折处柔化,产生阴影,可提供一个诱导空间并具有场所意义。

柏林犹太人纪念馆以折线、断线、墙面分割线组成,作者称之为"线之间"(见图 3-227)。它包括了一条呈现在平面上连续的弯曲的外部体形线和一条断断续续的笔直的内部切割线,形成空间的断裂;还有一百多条无序的窗缝线,描绘着已经淡漠了的倾诉,作者赋予其象征意义,诉说着犹太人对于柏林无法疏理的情绪与严肃深邃的思想。

总之,从形式上看,缝、断裂是一种外部造型手法,不同的部位、不同的处理所含的隐喻,以及透过间隙的光影对内部空间的氛围影响,对于表达设计理念与显示建筑特质,起到了不可言喻的作用(见图 3-228～图 3-232)。

平面图   剖面图

图 3-227　柏林犹太人纪念馆

（德国，D. 里勃斯金德，1995 年）

图 3-228　美国塞龙曼特 BEST 分销店

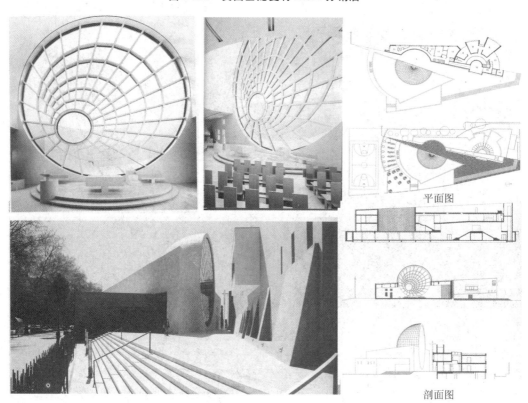

平面图

剖面图

图 3-229　罗马某教堂

（Sartogo，设计所）

图 3-230 俄亥俄州立大学韦克斯纳艺术中心
（美国，埃森曼）

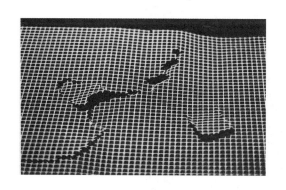
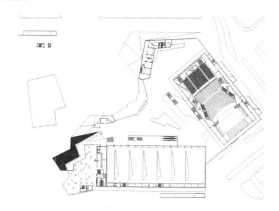

图 3-231 礼堂设计竞赛作品

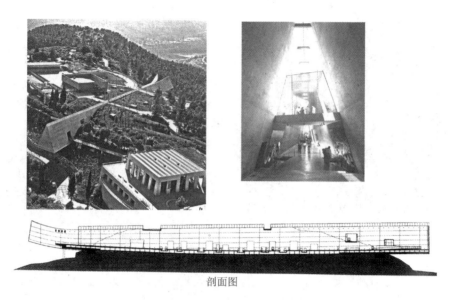

剖面图

图 3-232　以色列 Holocaust 博物馆

(M·萨夫迪,2005 年)

3.3.5　扭曲

1. 扭曲的产生

坚硬的建筑材料形成的面、体通过凹凸、虚实的转换,培养与丰富了对形态、空间的创造,开发了隐藏在表现背后无限发展的可能性。这种可能性提供了一种具单纯性、规律性而又能刺激人们的感性并包含着深奥理性的内容。运用推理发展的各种转换方式,进一步研究支配几何形态构造的秩序法则,可以创造出多种构成表现形式。

在不改变原形的连续性表面的卷缩与揉皱,以及通过弯曲、变形和折叠,引发了视觉对肌理的变化而呈现出柔软状,甚至产生一种动感以及有机性。

同样,改变高宽比、斜扭、环形扭曲、不同方位的轴旋转弯曲、扭动,都可得到扭曲的空间。

从室内家具、点缀城市广场的小品、连接建筑之间的空中廊道到不同类型的建筑的扭曲手法的运用,既发挥了空间设计的想象,又适应了现代人审美情趣的转化与新的时尚追求(见图 3-233、图 3-234)。

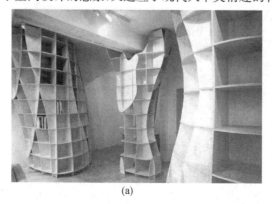

(a)

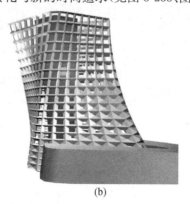

(b)

图 3-233　扭曲的形态

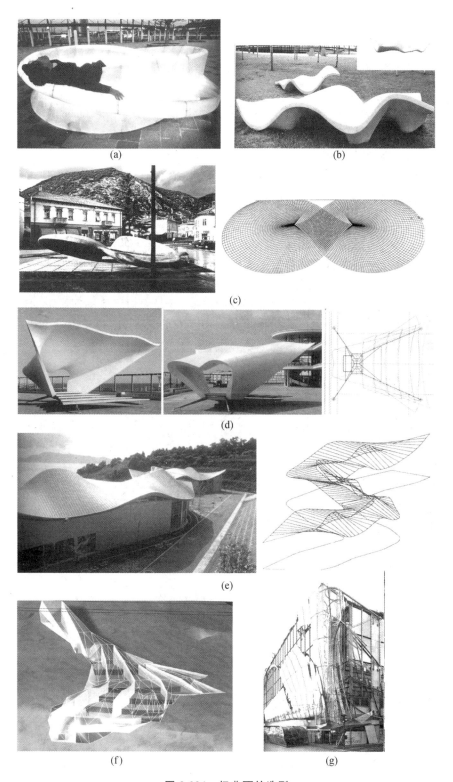

图 3-234　扭曲面的造型

2. 扭曲的手法

1）扭转式结构

从底层到顶层逐渐旋转一定的角度,最终使整个建筑物达到一个较大的扭转角度。

2）螺旋上升式结构

人类追求建筑的高度极限,近年来似乎又掀起一个热潮,采用螺旋式扭曲上升之势的超高层建筑,推动着结构技术与形式上的创新,刺激着感官的视觉效应。

3）根据几何学形成的扭曲面

根据几何学中曲面形成的原理,可以根据母线运动方式的不同把曲面分为回转面和非回转面两大类。母线的轨迹可以是斜向的、环状的、不规则的,不同形式的轨迹可以形成不同形式的扭曲面。

4）根据仿生学形成的扭曲面

仿照自然界中所存在的非规则的曲面形态所产生的扭曲面,如模仿动植物的外形,这种曲面可能需要同时运用多种手法才能达到与自然界中某些生物相似的曲面形态。

无论是由曲线组成的弧网还是由线轨迹形成的曲面,或是看似无序的褶皱形的奇特造型,都是一种在一定社会意识基础上作为现代人张扬主观意识的自我表达,反映了设计者极大的随意性与强烈的个性,甚至达到了一种反常、变态的视觉表现,如图 3-235～图 3-250 所示。

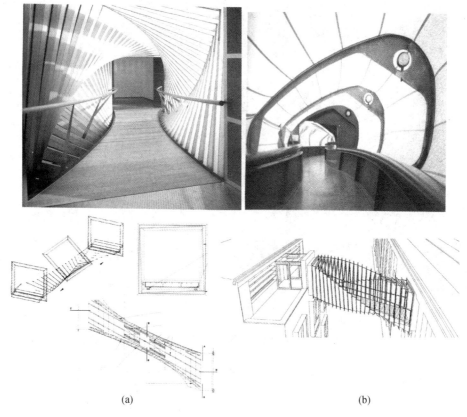

(a)　　　　　　　　　(b)

图 3-235　通廊示例

(a)空中廊道之一;(b)空中廊道之二;(c)米兰商贸博览中心通廊(意大利,2005 年)

(c)

续图 3-235

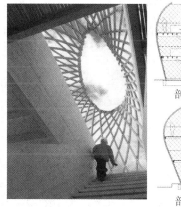

图 3-236 赫尔辛基动物园瞭望站

（芬兰,2002 年）

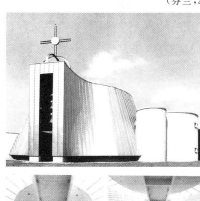

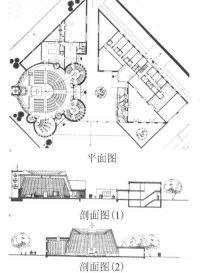

剖面图(1)

剖面图(2)

平面图

剖面图(1)

剖面图(2)

图 3-237 圣·法兰西斯教堂

（斯洛伐克,J.达希顿,2002 年）

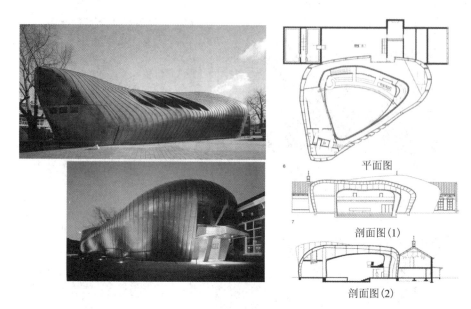

平面图

剖面图(1)

剖面图(2)

图 3-238　Popstage Mezz 活动中心

（2002 年）

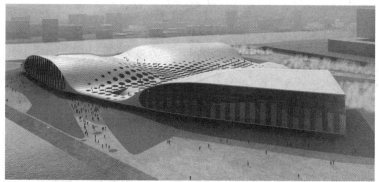

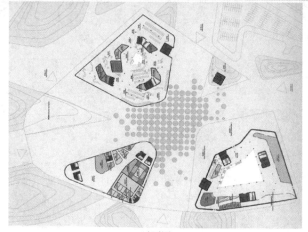

平面图

图 3-239　某购物中心附属建筑

图 3-240 扭曲的房子

(波兰,索波特市,2004 年)

图 3-241 城市住宅

(美国,F.盖里)

图 3-242 迪士尼音乐厅

(美国,F.盖里,2003 年)

图 3-243 某高层双塔

形态分析图

图 3-244　北京中央电视台新楼

图 3-245　福登螺旋之尖
(Fordham Spire)

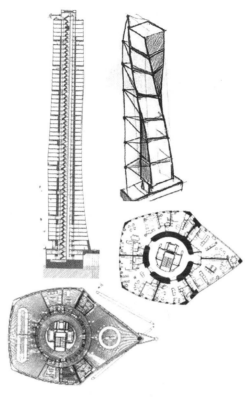

图 3-246　芝加哥螺旋塔

（西班牙，S.卡拉特拉瓦）

图 3-247　迪拜无限塔

（阿拉伯联合酋长国，美国，S.O.M 设计事务所，2007 年）

图 3-248　罗氏总部大楼

(瑞士,巴塞尔,赫尔佐格等)

(a)

(b)

图 3-249

(a)玛丽莲·梦露大厦;(b)某双塔楼(马岩松,2004 年)

图 3-250　中式一片亭

（美国，2005 年）

图 3-245 中,这座楼不仅将超越美国最高的 110 层西尔斯大楼(Sears Tower，1450 英尺),还将胜过计划在纽约市兴建的自由大楼(Freedom Tower，1776 英尺),由此跃居美国第一高楼。福登螺旋之尖楼楼顶有 444.5 米(1458 英尺)高,在楼顶的尖塔状螺旋结构继续往天空延伸至 609.7 米(2000 英尺)的高度。图 3-246 中,这座 190 米高、共有 54 层的奇异建筑,外观就像一个立着的陀螺,优雅地向上盘旋。大厦扭曲度达到 90°,由 9 座体块组成,每一座都稍稍有所扭曲。底部的三座体块用作办公空间,上面的六座则是 17 套豪华公寓。图 3-247 中,72 层的螺旋形摩天楼坐落在迪拜的主要住宅区,名为"无限塔"(Infinify Tower),在上升过程中旋转 90°,与它的基础保持垂直状态。这座扭曲的摩天楼,成为该地区的地标和象征。高度约为 303 米的摩天楼包含 456 个居住单位与底层购物中心、会议、儿童保育、医疗、体育等设施和一个户外水池。图 3-248 中,一座高 160 米的新总部大楼和一个科研中心,占地面积为 7.5 万平方米。外形令人联想起两个相互交叉的螺旋。图 3-249 中,被当地媒体昵称为"梦露大厦"的 50 层地标性豪华公寓大楼位于加拿大密西沙加市中心区,属于 SquareOne 的大型地产开发项目"Absolute"的第四期工程。

3.3.6　悬浮

1. 悬浮的构想

现代建筑发展的初期,L. 柯布西耶提出的底层架空、悬挑的手法,为建筑创作悬浮手法开拓了新的思维,继而美国建筑师 L. 伍兹提出"空中巴黎"方案,希望以现代技术、结构、材料、新工程学等知识,在巴黎上空构建奇特的悬浮建筑物。B. 密勒在 1967 年的蒙特利尔世博会上展示了海上城市方案;Y. 卡达瓦洛斯从浮游植物中得到启发,构想了一种在海上浮游的城市;日本伊东丰雄以"曲线几何"和"流动的场"的理念,认为建筑不是永久和凝固的,而是临时的存在,这一颠覆性的思想,使得他把建筑定义为追求界限模糊、体量轻盈、飘浮、朦胧的空间。

2. 悬浮的手法

自古至今,人类从未停止过对自己的生存空间进行无尽丰富的遐想,其中之一就是企盼摆脱重力的作用,如中西艺术作品中的"飞天"与"天使安琪儿"的创作。以"飞天"为代表的敦煌人物舞姿飘逸、轻盈,身上主要衣饰不是贴身的衫服而是随风缠绕的衣带,这些融化在线纹的旋律里,显示了很多年前人们在克服地心引力方面发挥出的丰富的想象力和创造力。"飞天""天使安琪儿"是人们的精神理想,飞腾是艺术高境界的特征。

在人们的传统观念中,建筑要以地面为依托才能坚固长久,"万丈高楼平地起"这句话非常形象地说明了建筑与地面密不可分。人们也常用"空中楼阁"来形容不真实的幻想,从另一方面说明建筑是必须牢固地扎根在地面上,以砖、石、木构架为支撑的结构体系,难以摆脱沉重、坚实的形象。

随着新颖结构材料、体系的创新,建筑逐步向轻、通、透的方向发展,出现了很多轻盈、飘浮的建筑物。

建筑从厚、重、稳、久等的传统观念,转向薄、轻、飘、悬等原本与建筑似乎不相关的理念,形成现代轻盈、自由的建筑形态。

赋予建筑轻盈感的各种手法的出发点都是为了消除建筑形态的沉重感,减少整体建筑对地面的依托和依赖性,使人感觉不到或忽略地球吸引力的存在,常用的手法如下。

1) 悬挑与架空

以悬肩从支点挑出,改变承重体系,其出挑的长度依结构的稳定性与经济性而定(见图 3-251~图 3-255)。

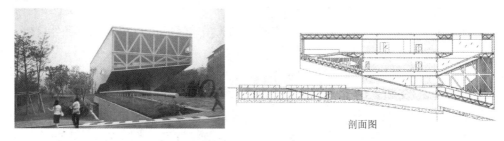

剖面图

图 3-251　悬挑示例

(a)

(b)　　　　(c)

图 3-252　悬浮示例

(a)实验小屋;(b)昆士兰大学实验室;(c)安阳殷墟博物馆(崔恺,2005 年)

图 3-253 斯卡服装博物馆

图 3-254 尼迈耶当代艺术博物馆

(巴西, O. 尼迈耶)

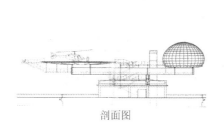

剖面图

图 3-255 某直升机停机坪

2) 悬挂

悬挂结构的中心支柱采用钢索拉结板面,充分发挥了钢材的拉力强度,幕结构也是广泛采用的方式(见图 3-256～图 3-259)。

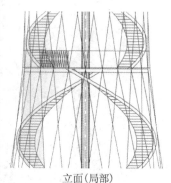

立面(局部)

图 3-256 双曲瞭望塔

(德国,斯图加特,2001 年)

图 3-257 新加坡住宅楼   图 3-258 某体育中心

(OMA,2006 年)

图 3-259 某展示馆

3）消隐结构

通过结构性的玻璃砌块或幕墙结合支撑柱板的悬挑,造就没有承重墙的建筑空间或将粗厚的支撑结构体分解为若干根纤细的、装饰性的支架,使人忽略结构的存在。

4）弱化边界

在建筑与地面的交接处进行处理,将建筑的底部缩进,通过光影或夜晚底部的光带使整个建筑看上去像飘浮在地面上。

图 3-260 中,优美的弧线,接近地面的悬挑处理,加上夜晚灯光的烘托,让巨大的混凝土体块显得十分轻盈,似悬浮在大地之上一般。图 3-261 中,曲线形混凝土立面采用与穆瑞塔谷中学相似的手法,正如设计者自己所说的"像一个精灵在飘动"。

图 3-260 穆瑞塔谷中学

（美国,艾伦）

图 3-261　世纪中学

(美国,艾伦)

5)利用反射面营造悬浮

借助水面、玻璃镜面、金属等反射性材料,弱化墙面与地面的关联,使建筑形象在反射面中得以延伸,一些临水、近海或围绕人工水池布置的建筑,波光粼粼,水泉喷涌或垂落,倒影灯光,相互辉映,仿佛消除了承重感而飘浮起来,如图 3-262～图 3-268 所示。其中,图 3-262 中的清晏舫是仿照乾隆下江南时乘坐的船舱打造的。石舫上建造了两层木结构的洋式舱楼,并在两舷加砌了圆形的"明轮",使之形似一条有动力的轮船,寓意"海晏河清,天下太平",因此叫作"清晏舫"。图 3-268 中,北京国家大剧院似半个椭圆球金属壳,坐落于一泓池水中,犹如天外来客,与周边的传统建筑形成强烈的对比。该建筑开创了建筑外壳与功能空间脱离的先例,使三个不同的表演场所,具有共处一个屋顶的国家意识,成为一个新奇、前卫又不乏诙谐的文化符号,建筑表皮成为内部功能与外部秩序分离的屏障。

图 3-262　清晏舫

(北京,颐和园)

图 3-263　黄埔花园商场(中国香港)

图 3-264　悉尼歌剧院

剖面图

平面图

图 3-265　小教堂

（日本，2004 年）

草图

平面图

图 3-266　发现宫科学中心及儿童博物馆

（加拿大，莫什·萨夫迪，2000 年）

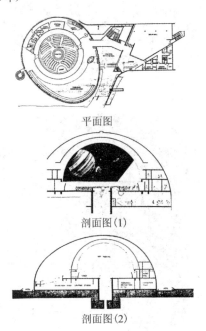

平面图

剖面图(1)

剖面图(2)

图 3-267　太空馆(中国香港)

 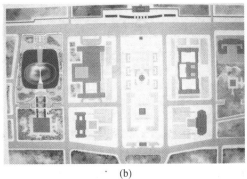

(a)　　　　　　　　　　(b)

图 3-268

(a)波兰展馆(2010 上海世博会);(b)北京国家大剧院总平面图(法国,P.安德鲁,2007 年)

3.3.7 虚幻

1. 释义

所谓虚幻,是人的一种心理现象,和真实相反,是不真实的、虚无缥缈的感觉。

人在特定的条件下,视觉、触觉或听觉方面有可能出现虚幻的感觉,与建筑形态有关的是视觉方面的虚幻感。

建筑空间以线、面、形态的实,构成了空间的虚,通过物的感性的形、材、质、光、声、色等客观的事物融合主观的创意,拓展了情感、精神意象的表达。

空间里的某些形态会起到一定的心理暗示作用,这种心理作用使处在相对现实空间里的人感受到另一个相对虚幻缥缈的"世界"。

中国传统建筑中的空间意识,"不以虚为虚,而以实为虚,化景物为情思,从首至尾,自然如行云流水,此其难矣",这种以实带虚,虚中有实,虚实结合的形象产生的意象境界就是"虚实相生,无画处皆成妙境"。虚是留有余地,幻是产生想象,虚幻正是在空间中创造出一种"游目骋怀,极视听之娱",达到"寓虚于诞,寓实于幻"的境界。

视错觉产生的虚幻导致视觉映象和客观事实的矛盾,使视觉系统产生疑惑,而另一方面,人又乐于接受视觉善意的欺骗,由这种视觉刺激导致的视觉紧张会激起心灵探索的欲望,使人感受到创造的喜悦。

视错觉有很强的趣味性,利用它可以获得标新立异的艺术设计思维,在人看惯了的视觉形象中有意识地将局部进行错视处理,如利用线条的方向、穿插、图形的大小对比、图底反转以及无理图形等方法,合理使用视错觉会达到一种独特而又富于变化的艺术效果。

但同时也要注意到,视错觉的利用不能泛滥。过分地使用视错觉,会引起视幻觉,视幻觉是视觉出现毫无根据的想象,是一种不健康的视觉状态,如果在居室中大量使用大小、形状不同的拼接在一起的镜面,会产生严重的视错觉,干扰人正常的视觉。

2. 产生虚幻感的方法

通过建筑形态的形体、光线、色彩等方面的变化,营造出一定的虚幻感,增加建筑的表现力和感染力。

1)空间的虚幻感

(1)空间的变幻

非常规的、变化莫测的、扭曲的形体,多层次交叉、融合、变异的排列组合,反光或透明材料的使用,配

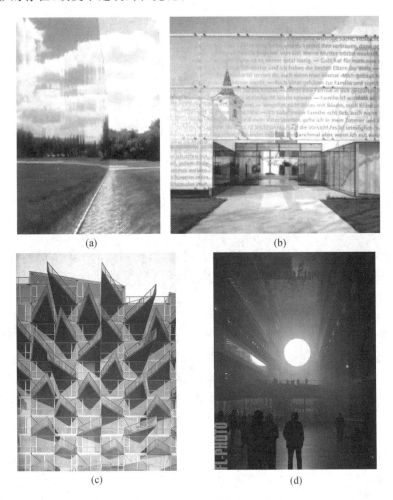

合不同色彩、不同亮度和角度的光线,令人产生虚幻迷离感,仿佛身处太空(见彩图 17 及彩图 18)。

(2) 空间的扩展

利用透视壁画的空间感和镜面或水面的反射作用,改变人对空间的正常感知,达到拓展空间的目的。

图 3-269(a)中,平整的无框镜面反射玻璃将环境中的景物真实地反射出来,使建筑完全融入环境中,仿佛消失了一般;图 3-269(b)中,入口周边有字母的反射玻璃将周围的其他建筑影射在上面,使建筑本身的体量感消失了,非反射玻璃和反射玻璃在视觉上形成有趣的对比;图 3-269(c)中,大小、方向不同的三角形尖块从玻璃幕墙中伸出,与玻璃中反射的影像结合在一起构成新的三角形或四边形,随着观察角度而变化;图 3-269(d)中,巨大的发光半球紧贴着天花板,下面的空间是真实的,上半部分是天花板上铺设的镜面反射出来的,观者还会从中看到来回走动的人的影子,真实和虚幻交织在一起,令人震撼。图 3-270(a)中,建筑依水而建,用若干根纤细的钢支柱承载建筑的重量,建筑和支柱在平静水面上的倒影,使建筑失去重量感,迷离的灯光更增加了神秘的气氛;图 3-270(b)中,倒影的存在,改变了建筑的长宽比。

(a)   (b)

(c)   (d)

图 3-269 镜面的反射

(a)

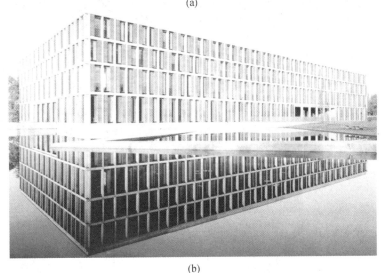

(b)

图 3-270 水面的反射

　　建筑物墙上的透视画,各条透视线与建筑相配合,绘制出一个虚拟的三维空间,使人感到空间仿佛在扩大。

　　利用镜面反射的虚像能制造出一个虚的空间,与壁画给人的空间扩大感不同的是,镜面里虚的空间在视觉上却是实的,这是室内设计师常用的手法。

　　我国传统园林与建筑中,将用镜面来装饰墙面、扩大空间、反映周围景色的手法称为"镜借"。苏州怡园的面壁亭处境逼仄,乃悬一大镜把对面假山和螺髻亭收入镜内,扩大了境界。巧妙使用镜子制造虚空间,既能使空间看起来扩大了,又能产生一种虚幻的对称效果。

　　现代建筑中,立面使用反射性强的材料(如镜面玻璃),会将周围的景色显示在镜面中,建筑仿佛消失了一般。

　　水面能形成与建筑对称的倒影,在视觉上改变建筑整体的比例,增大建筑的体量感,我国传统园林建筑中也经常"开凿湖面,设池环绕以映衬建筑",达到"化实为虚,构筑虚景",增加景的空间层次的效果。光洁的水面还会使建筑产生轻盈和漂浮的感觉,仿佛没有了重量。

　　2) 平面的虚幻感

　　和平面相关的、由于视错觉产生的虚幻感也在建筑形态中有所应用,这是和视觉的光色性有关的。

　　图 3-271(a)中,若干个同心圆叠加,但却使观者感到是从中心发散的螺旋线,并产生图形在旋转和闪烁等视幻觉;图 3-271(b)中,水平和竖直浅色带在交叉处会出现没有边缘的灰色斑点,忽显忽灭。图 3-272(a)中,建筑外立面被一层表皮覆盖,上面有艺术家绘制的奇怪图案,造成视觉上的刺激和不真实感;图 3-272(b)中,将建筑立面上水平的遮阳板部分涂成深色,多个深色的区域组成若干个大尺度人影的图形,从不同角度观看会有不同的视觉效果,人影若隐若现,亦真亦幻。

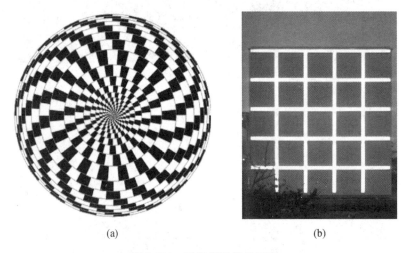

(a)　　　　　　　　　　　　(b)

图 3-271　引起视幻觉的图案

(a)　　　　　　　　　　　　(b)

图 3-272　引起视幻觉的建筑外墙

　　20 世纪 60 年代西方兴起了奥普艺术(Optical Art),也称为光效应艺术。艺术家发现,借助画面线条的特定规律性排列,以及色彩的并置、重叠、渐变等,会给视网膜带来特殊的刺激,引起人的视错觉,使静止的画面产生动态的效果,造成闪烁、旋转、放射、凹凸等幻觉。

视幻觉的利用可以追溯到 19 世纪法国新印象派,画家利用各种纯色点的排列,通过视觉的空间混合,自行调和产生光影效果。现代设计师在建筑界面中使用具有诱导人产生视幻觉的图案,增加建筑物的趣味性和表现力。

点、线、面构成中的视错觉的形成与心理作用通过动态模糊、景深功能而得到加强。在几何构成的空间中,穿行而过的过程,漫长而复杂的思绪联想轨迹,或夸张、或虚弱、或急促、或缓慢的节奏,加之光、影、声等赋予空间新的场景,如在动画中,"关联"与"相随"的表现是令虚拟世界通过相互联动而得以回归现实感的重要因素。又如在光构成中的光迹运动,镜头移动摄影,使人们在一个狭隘压抑的空间里幻想着摆脱,穿越障碍游离到一个奇幻的地方。

建筑界出现的表皮主义建筑,在设计中注重使用各种非常规手段对界面进行处理,使得建筑的表皮有时会令人产生不真实之感,传统的建筑界面失去了原有的厚重感,变得眩目和光怪陆离。

3) 变换图底关系

将建筑形式处理成虚空的轮廓,以天空或背景的图底转换,形成虚幻的视觉效果。这种虚实相生的手法体现了"有无相生,虚实互用",创造出既传统又现代的造型,为建筑文化的延续提供了新的创意。

如图 3-273(a)所示,该建筑以钢构架勾画出屋顶、烟囱等,而地面则是考古式的遗址,以这种"虚"的轮廓唤起参观者的敬仰之情;图 3-273(b)中的山门选取辽代著名建筑——蓟县独乐寺的形象来反映山中保留着辽代文化遗址的环境特点,四块向中心汇聚的门式构架上勾勒出独乐寺的轮廓,在葱郁山林映衬下仿佛建筑的剪影。

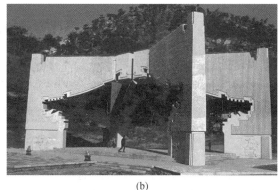

(a)   (b)

图 3-273　变换图底关系

(a)费城富兰克林故居(美国,文丘里);(b)辽宁闾山山门

4) 数码虚拟空间

近年来,随着计算机三维软件功能的开发,计算机建模能力和渲染真实度的能力大大提高,建造一个在视觉上非常真实的虚拟空间变得比较容易。这些技术的应用帮助人们打破了正常视觉与梦幻之间的界限,为突破思维的局限,塑造心中想象的多姿多彩的世界提供了技术保证。计算机用多变的视角对形态进行分析与处理,表达构成的概念和构想,实现空间创作与观众之间的情感沟通,传达可能产生共鸣与冲击力的视觉与听觉,为抽象艺术与虚幻空间的创造发挥多媒体在综合造型上的优势与潜能,开阔新的视觉感受并提供无限的可能。如图 3-274 所示,I. 卡维诺的《无形的

城市》所描述的城市场景提供同时性的视图,使每一座城市都成为一种视觉的代表物。

图 3-274 《无形的城市》

3.3.8 表皮

1. 表皮概念的演进

在建筑学中,建筑表皮是个不断转换的概念,对建筑表皮的认知也在不断转换的概念中得以形成。

文艺复兴时期,阿尔伯蒂(Leon Battista Alberti,1404—1472)通过身体的隐喻和性别的特征来描述建筑隐喻,从而建立了二元对立理论。他认为建筑首先是裸露地被建造出来的,而后才披上装饰的外衣。阿尔伯蒂把建筑表皮当作结构的结果,因此,表皮被认为是有厚度的覆盖物,结构则是内在支撑物。这种隐喻与古典建筑的特征相吻合——装饰不超出结构的范围。

在现代主义时期,建筑表皮经历了一个至关重要的从古典立面到现代建筑表皮的转换,这种转换主要取决于空间与表皮的相关变化与建筑技术的发展,其中,前者和先锋艺术及玻璃带来的透明度相关,而后者主要体现在工业化生产以及承重结构的替代上。到 20 世纪初,建筑表皮获得了解放并成为独立的主题概念,从那时起,建筑表皮变成了围绕整个建筑的自由而连续的外皮,取消了古典正立面;建筑表皮从此摆脱了承重功能及重力主导的形式法则,获得其物质—本体形式的自由,探讨重和轻、厚和薄、稳固和流动等抽象关系,由此在设计中具有相对独立的意义与灵活性。

新兴的数字信息技术所孕育的力量,不仅削弱甚至颠倒了表皮与结构或表皮与功能之间的关系,而且为建筑表皮的觉醒注入了前所未有的强劲动力。新技术、新材料(轻、柔、透)不但使建造能自如应对复杂的表皮,还使建筑设计获得了前所未有的自由。运用数字工具,建筑师能为任何形状的表皮赋予各种材质,也能创造出排除了传统的欧几里得建筑语言,不受重力、功能和结构制约的表皮,并带来新的空间认知与形式表现,使建筑学的固有概念得到重新反思。

2. 表皮新概念的确立要素

① 打破传统立方体的边界和"转角""边角"的限定,使屋面与墙的边界、墙与墙、墙与地面等直角转折边界得到消融。

② 表皮因不受上部承重结构传递荷载的影响，为悬挑、悬挂等自由的建筑处理创造了条件（见图 3-275～图 3-277）。

图 3-275 香港科技大学

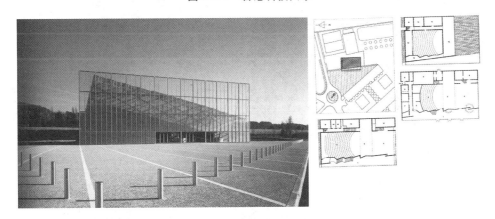

图 3-276 某社区中心

图 3-277 文化信息中心

（立陶宛，2005 年）

③ 表皮与承重系统的分离,形成的隔层可以发挥节能、节材的作用,并使立面得到复合化的处理,使表皮真正成为建筑的皮肤,为外界环境进行能量与物质的交换提供有利条件。

3. 建筑表皮的特性

(1) 功能性

表皮有时候是一种附加物(常常是有功能的),而有些时候是建筑的围护结构,起到抵御各种自然环境影响的作用,如防寒、保暖、防晒、防雨雪等。就建筑学意义上的进展而言,表皮作为围护结构所带来的那种让人兴奋的转变和趣味更令人迷恋,其本质的转变在于建筑的内部和外部之间的关系发生了各种各样的情况。

(2) 艺术性

建筑表皮除体现围护、保护等基本功能外,还表现出其外在的艺术性。建筑师根据建筑的特点和性质,通过精心设计,为世人创作出许多杰出的建筑艺术作品(见图 3-278~图 3-280)。

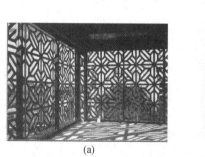

(a)   (b)

图 3-278　建筑表皮艺术性之两例

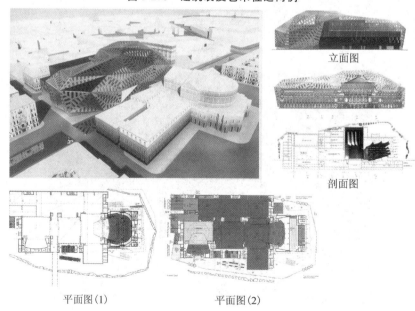

立面图

剖面图

平面图(1)　　　　平面图(2)

图 3-279　新马林斯基剧院

(圣彼得堡,2002 年)

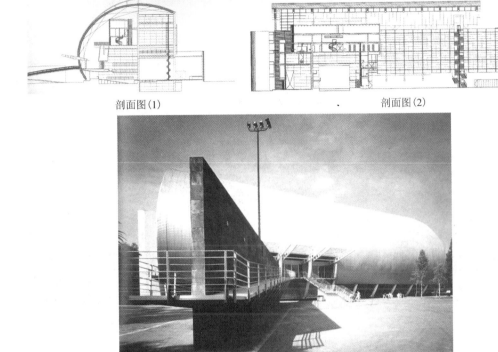

剖面图(1)　　　　　　　　　　　剖面图(2)

图 3-280　墨西哥国家戏剧学校

在这些作品中,表皮变得有了灵魂,它不仅是对话的参与者,还是主导者,空间也因它的存在而富有意义。

4. 建筑表皮的处理

当表皮被赋予独立的意义之后,表皮的构成方式直接影响建筑空间的品质和特征,由于表皮的主要功能体现在建筑内部空间与外部空间的关系——围护和内外交流上,因此,建筑表皮用不同的方式满足这两种基本功能的同时,也造就了形态鲜明、个性突出的建筑体块和建筑空间形态。

表皮作为建筑形态设计方法,最典型的就是四维分解法,基本做法是将包含建筑表皮在内的建筑围护结构构件分解为不同方向的壁板,然后通过壁板的不同组合方式重新构筑建筑的各种要素。这种方式使承担交流功能(如窗)的界面与承担围护功能(如墙)的界面拥有了平等的地位,另外还使得建筑的顶面和底面与建筑的四壁在形态上获得相似的重要性,使建筑表皮的连续性意义得以拓展,建筑形态的几何学意义得以加强。当然,这种做法的最大成就在于——产生了流动空间。流动空间的本质在于空间与空间相互关系的模糊性,空间之间相互关系的界定来自于建筑表皮,而流动空间也就成了四维分解法的最重要成果。

在四维分解法的基础上,建筑师们更多的是将表皮作为一种手法,从而产生了更多的可能性,如将四维分解法发展成为 20 世纪末的四维连续法(包括通常所说的表皮变异、消灭、扭曲和卷曲手法)。四维连续是指将传统建筑中一般会明确区分建筑表皮的不同部分(一般指建筑的顶面、侧墙和建筑体块形态上的底面),用连续但不封闭的处理方法使其各自成为对方自然延伸的一部分,雷姆·库哈斯的荷兰乌德勒支教育馆具有一定的代表性。

5. 多层表皮的处理

随着现代建筑技术的发展,单一的建筑表皮已经无法适应建筑的各种需求,于是一些表皮开始形成多个层次,多层表皮体现了这个时代对人类的终极关怀。建筑表皮往往具有一系列与建筑本身密切相关的基本功能,表皮的功能大体上可以分为以下几大系列:保温隔热功能、通风功能、采光功能、遮光功能、隔声及其他功能。这几大类功能系统之间相互关联、相互作用,彼此间关系复杂,因此,解决好这些矛盾是处理建筑表皮的关键所在(见图 3-281、图 3-282)。

(a)   (b)

图 3-281　太阳能技术在建筑中的应用

图 3-282　多层表皮的处理示例

（1）保温隔热系统构件

多层表皮的保温隔热系统一般都是两层或多层界面与中间空气层共同作用的结果，其形态的多样性主要通过对单层材料本身形态的探索、不同材料的组合以及独特的材料组织方式这三方面得以实现，从而创造出丰富多彩的形式。

（2）通风系统构件

由于通风功能较为复杂，其功能的实现通常需要多层构件协同工作，自然通风可以通过各层表皮的共同开启，靠自然风力实现，但该方式要求建筑有理想的外部风环境（见图 3-283）。此外，还可利用内外界面之间的空气缓冲层内热压形成拔风效应，促进自然通风，这是多层表皮的常用方法，适用于外部风环境不够理想的情况。根据多层表皮的不同组合方式又可分为盒形窗户式、通风井与盒形窗户组合式以及走廊式三种，以分别适应不同的建筑设计要求。

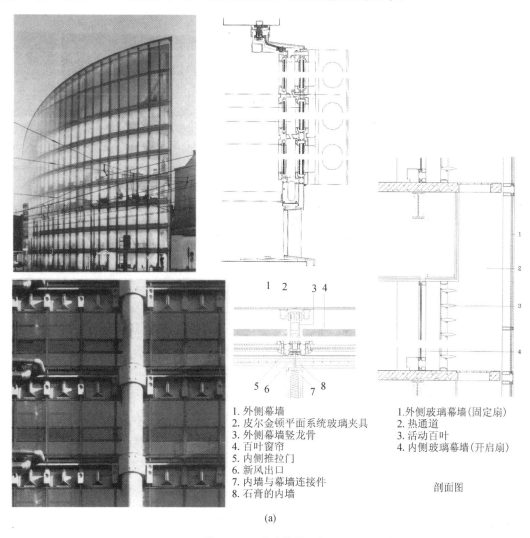

1. 外侧幕墙
2. 皮尔金顿平面系统玻璃夹具
3. 外侧幕墙竖龙骨
4. 百叶窗帘
5. 内侧推拉门
6. 新风出口
7. 内墙与幕墙连接件
8. 石膏的内墙

1. 外侧玻璃幕墙（固定扇）
2. 热通道
3. 活动百叶
4. 内侧玻璃幕墙（开启扇）

剖面图

(a)

图 3-283　玻璃幕墙示例

（a）双层玻璃幕墙；（b）双层换气幕墙示例；（c）双层换气幕墙与传统幕墙的结构区别；

（d）双层换气幕墙的空气循环示意

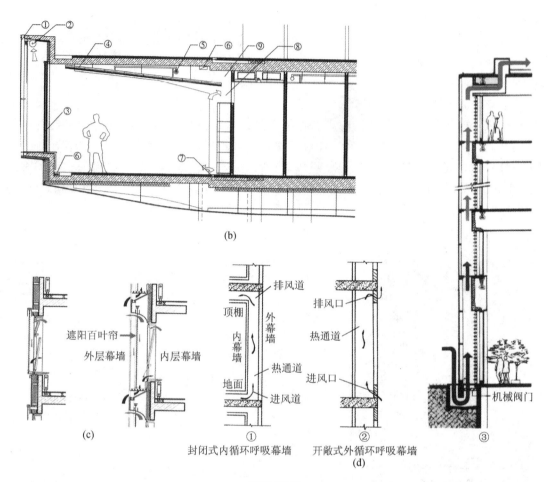

(b)

(c)

遮阳百叶帘
外层幕墙　内层幕墙

排风道
顶棚
内幕墙｜外幕墙
地面
进风道

热通道

①
封闭式内循环呼吸幕墙

排风口
热通道
进风口

②
开敞式外循环呼吸幕墙
(d)

机械阀门

③

续图 **3-283**

汉诺威博览会公司总部大楼(T. 赫佐格,1999 年),采用双层表皮立面系统。外立面的玻璃幕墙起到防护作用,有效阻挡高层建筑的高速气流,内立面安装可开启的窗,可获得自然通风,结构柱在两层立面之间,避免对内部空间划分的影响;双层立面之间的夹层内侧安装自动遮阳百叶,效果显著并便于维护和清理。

(3) 采光系统构件

传统的侧面采光往往会造成眩光,并且区域局限性较大,因此现在多层表皮系统的建筑更注重光线的间接利用,即通常所说的光线折转系统。该系统较典型的做法是通过外部凸出的片状构件,将光线反射到给定的室内深度,片状构件有固定和活动之分。

(4) 遮光系统构件

遮光系统包括遮阳和防眩光两大功能。从安装位置来看,可分为室外、室内以及中间空气内层三种情况。另外,根据遮光系统的形态,可以分为水平遮光、垂直遮光、组合式遮光、平面板式遮光和帘式遮光等。现在的帘式遮光已经大大突破了传统形式,逐步转变为表皮造型中的积极因素,成为整体系统的一部分(见图 3-284)。

当然,在设计中更重要的是处理好表皮在功能分离基础上的整合,这就要求处理好三个层次的关系:表皮与支撑结构的组织关系、多层表皮之间的组织秩序以及各层内部的组织结构。这三个层

图 3-284　帘式遮光

面之间具有承递性,相互支持,缺一不可。

　　T.赫佐格设计的德克拉欧洲厂房,正立面采用了造价低廉的工业材料聚碳酸酯板,这种透明度极好的材料展示了双层立面中的内层立面,通过丝网印刷法将摄影家拍摄的树叶母题不断重复,直至布满整个立面,形成了极强的视觉冲击力。

　　从古典构图法的立面设计到现代的表皮处理,体现了功能、科技、形式在观念上、创作上的进步与发展,结合前述现代构成手法以及对现代科技成果(如太阳能、风能、水能)的运用,对现代建筑"表皮"的探索将会有更加广阔的前景(见图 3-285～图 3-292)。

图 3-285　休闲步廊

(日本,伊东丰雄,2002 年)

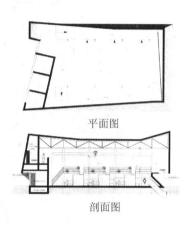

平面图

剖面图

图 3-286　波斯特泵站

（荷兰，2005 年）

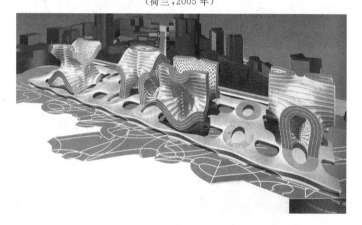

图 3-287　现代建筑表皮示例

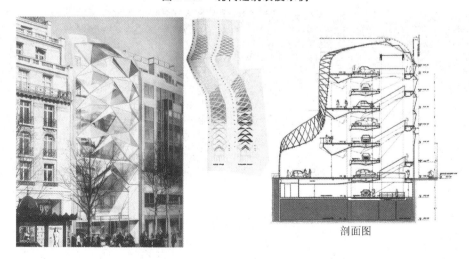

剖面图

图 3-288　某汽车展示厅(法国·巴黎)

图 3-289 中国电影博物馆

（刘光等,2005 年）

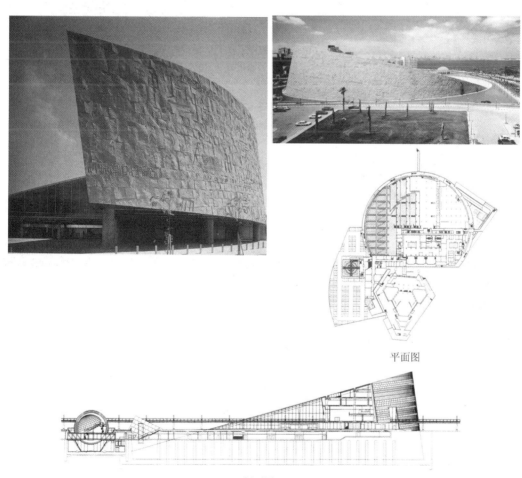

平面图

剖面图

图 3-290 亚历山大图书馆

（埃及,2002 年）

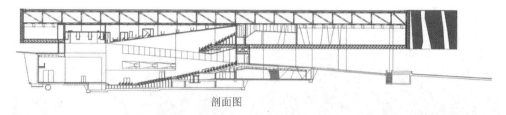

剖面图

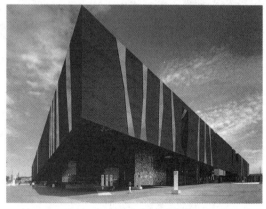

图 3-291　建筑与广场展馆

（巴塞罗那,西班牙,2004 年）

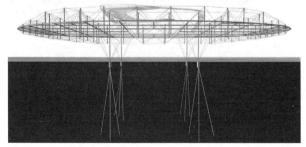

剖面图

图 3-292　朦胧建筑

（瑞士,E.迪勒/R.柯菲迪奥,2002 年）

参 考 文 献

[1] MEIER R. Richard Meier Architect[M]. New York：Rizzoli，2009.

[2] MICHAEL J C. Collection of International Design Masters[M]. Tokyo：AZUR Corporation，2005.

[3] JODIDIO P. Piano[M]. London：Phaidon Inc Ltd，2005.

[4] Editors of Phaidon Press，HADID Z，MORI T，et al. 100 Architects，10 Critics[M]. London：Phaidon Inc Ltd，2005.

[5] JOLIA. 100X European Architecture[M]. Shenyang：Liaoning Science and Technology Publishing House，2006.

[6] MAYNE T. Fresh Morphosis 1998—2004[M]. New York：Rizzoli，2006.

[7] Editors of Phaidon Press. The Phaidon Atlas of Contemporary World Architecture(Ⅰ，Ⅱ，Ⅲ)[M]. London：Phaidon Inc Ltd,2005.

[8] JODIDIO P. Piano：Renzo Piano Building Workshop 1966 to Today[M]. Cologne：Taschen，2005.

[9] ANDO T. Tadao Ando：Light and Water[M]. New York：The Monacelli Press，2003.

[10] LAMPUGNANI V M. Encyclopaedia of 20th Century Architecture[M]. London：The Thames and Hudson，1996.

[11] 西格尔. 现代建筑之结构造型[M].钟英光,译. 台北：台隆书店,1970.

[12] 霍克斯.结构主义和符号学[M].上海:上海译文出版社,1978.

[13] 童寯.新建筑与流派[M].北京:中国建筑工业出版社,1980.

[14] 宗白华.美学散步[M].上海:上海人民出版社,1982.

[15] 阿恩海姆.艺术与视知觉[M].北京:中国社会科学出版社,1984.

[16] 孙全文,陈其彭.建筑与记号[M].台湾:明文书局,1985.

[17] 李允鉌.华夏意匠——中国古典建筑设计原理分析[M].天津:天津大学出版社,2005.

[18] 童寯.近百年西方建筑史[M].南京:南京工学院出版社,1986.

[19] 巴特.符号学美学[M].董学文,王葵,译.沈阳:辽宁人民出版社,1987.

[20] 弗朗西斯·D.K.钦.建筑:形式·空间和秩序[M].邹德侬,方千里,译.北京:中国建筑工业出版社,1987.

[21] 钱学森.关于思维科学[M].上海:上海人民出版社,1987.

[22] 俞建章,叶舒宪.符号:语言与艺术[M].上海:上海人民出版社,1988.

[23] 余卓群.建筑视觉造型[M].重庆:重庆大学出版社,1992.

[24] 岭南建筑丛书编辑委员会.莫伯治集[M].广州:华南理工大学出版社,1994.

[25] L.本奈沃洛.西方现代建筑史[M].邹德侬,巴竹师,高军,译.天津:天津科学技术出版社,1996.

[26] 侯幼彬.中国建筑美学[M].哈尔滨:黑龙江科学技术出版社,1997.

[27] 程泰宁.当代中国建筑师[M].北京:中国建筑工业出版社,1997.

[28] 刘先觉.现代建筑理论[M].北京:中国建筑工业出版社,1999.

[29] 沈福煦.建筑设计方法[M].上海:同济大学出版社,1999.

[30] 高介华.建筑与文化论集(第四卷)[C].天津:天津科技出版社,1999.

[31] 顾馥保.中国现代建筑100年[M].北京:中国计划出版社,1999.

[32] 贝思出版有限公司.英国建筑[M].北京:中国计划出版社,1999.

[33] 吴静芳.世界现代设计史略[M].上海:上海科学技术出版社,2000.

[34] 罗文媛.建筑形式语言[M].北京:中国建筑工业出版社,2001.

[35] 郑东军,黄华.建筑设计与流派[M].天津:天津大学出版社,2002.

[36] 许建和.形体的变异——当代建筑形态中的一种倾向[J].华中建筑,2006(1).

[37] 陈晋略.建筑巨匠一百(各册)[M].沈阳:辽宁科学技术出版社,2002.

[38] 贾倍思.型和现代主义[M].北京:中国建筑工业出版社,2003.

[39] 徐岩.建筑群体设计[M].上海:同济大学出版社,2000.

[40] 陈小清.新构成艺术[M].北京:北京理工大学出版社,2003.

[41] 奥尔德西-威廉斯.当代仿生建筑[M].卢钧伟,译.大连:大连理工大学出版社,2004.

[42] 亚里士多德.诗学[M].罗念生,译.北京:人民文学出版社,1962.

[43] 陈宗明.符号世界[M].武汉:湖北人民出版社,2004.

[44] 大师系列丛书编辑部.伊东丰雄的作品与思想[M].北京:中国电力出版社,2005.

[45] 王锦堂,梅平强.几何形建筑——几何特性与组构方法之探讨[M].台北:詹氏书局,1991.

[46] 彭一刚.建筑空间组合论[M].北京:中国建筑工业出版社,1998.

[47] 盖勒哈,查斯顿.错觉与视觉美术[M].苏茂生,译.台北:大陆书店,1991.

[48] DeDeJ.建筑作品选集[M].北京:中国建筑工业出版社,2005.

[49] 建筑杂志各期:(1)建筑学报(杂志)各期.
　　　　　　　　　(2)世界建筑导报(杂志)各期.
　　　　　　　　　(3)新建筑(杂志)各期.
　　　　　　　　　(4)华中建筑(杂志)各期.

彩图 1　北京香山饭店

（贝聿铭，1982 年）

彩图 2　上海龙柏饭店

（张耀曾，1982 年）

彩图 3 武夷山庄

（齐康，1983 年）

彩图 4 杭州黄龙饭店

（程泰宁，1986 年）

彩图 5 深圳南海酒店

（陈世民，1986 年）

彩图 6 天津大学建筑学院

（彭一刚，1988 年）

彩图 7　香港国际会展中心

（王欧阳设计事务所，1987 年）

彩图 8　北京国际饭店

（林乐义，1988 年）

彩图 9　河南博物院

（齐康，1998 年）

彩图 10　广州星海音乐厅

（林永祥，1995 年）

彩图 11　深圳华夏艺术中心

（张孚佩，1990 年）

彩图 12　曲阜孔子研究院

（吴良镛，1998 年）

彩图 13　南阳理工学院国际会馆

（顾馥保，2001 年）

彩图 14　上海金茂大厦

（S.O.M 设计事务所，1998 年）

彩图 15　北京国家大剧院

（法国,P. 安德鲁,2007 年）

彩图 16　北京天文馆新馆

（王弄极,2004 年）

(a)

(b)

彩图 17　实验音乐厅内景

(F. 盖里，2002 年)

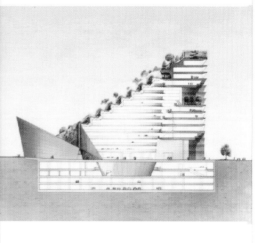

彩图 18　福冈县国际大厦

（E. 阿姆伯兹）

彩图 19　盖蒂中心

（R.迈耶，1998 年）

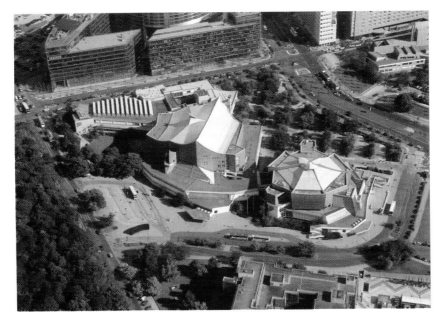

彩图 20　柏林音乐厅

（夏隆，1963 年）

彩图 21　法国蓬皮杜中心

（R. 皮阿诺，R. 罗杰斯，1977 年）

彩图 22　西班牙毕尔巴鄂古根海姆博物馆

（F. 盖里，1997 年）

彩图 23 澳大利亚国家博物馆

（阿什顿-拉盖特-麦克道戈尔事务所）

彩图 24 现代艺术博物馆（美）

（日本，安藤忠雄）

彩图 25　伦敦蛇形画廊内景

（日本，伊东丰雄，2002 年）

彩图 26　西雅图中心图书馆

（R.库哈斯，2004 年）

彩图 27　德国 BMW 厂办中心

（Z.哈迪德，2005 年）

彩图 28　迪拜帆船酒店

（英国，W.S.阿特金，1999 年）

彩图 29　长崎县博物馆

（日本，隈研吾，2005 年）

彩图 30　德国 2000 年世博会展馆

（汉诺瓦，1996 年）